U0394627

本书为国家社会科学基金"对华环境援助的减污效应与政策研究"（项目批准号：11BJL076）的成果。

THE POLLUTION REDUCTION EFFECT OF
ENVIRONMENTAL AID TO CHINA AND ITS POLICY
IMPLICATION

对华环境援助的减污效应与政策研究

佘群芝　等著

人 民 出 版 社

目　录

导　言

经济全球化在加快经济发展的同时,大规模生产带来污染排放增加,过度资源开发引起生态资源破坏,环境问题已经影响到了整个人类的生存和发展,而且很多环境问题是全球性的,如温室气体(Greenhouse Gas,简称 GHG)排放上升、生物多样性破坏,需要全球共同携手来应对。社会各界对环境问题的认识从地域性上升为全球性,解决环境问题的举措也从局部的补偿与保护转变为实行全球性规划与国际合作,力图在全球范围内提升环境质量。国际社会保护环境的努力体现在形成了多领域的环境保护合作协定以及发达国家与国际组织对发展中国家的环境援助。

国际社会确立了发达国家和发展中国家在全球污染治理上"共同但有区别的责任"的原则,1992 年《气候变化框架公约》提出了全面控制二氧化碳等温室气体排放的战略目标,并要求发达国家采取措施限制温室气体排放,同时向发展中国家提供履行义务的资金。发达国家的责任之一是向发展中国家转移资金和技术,帮助发展中国家履行公约的义务。

1997 年,149 个国家和地区的代表签署了《京都议定书》,规定 2008 年到 2012 年期间,主要发达国家温室气体排放量在 1990 年基础上平均至少削减 5%,发展中国家没有减排义务,发达国家可以通过清洁发展机制向发展中国家提供技术和资金转让,由此减少的二氧化碳排放计入发达国家的减排量。2001 年第 7 次公约缔约方会议通过了《马拉喀什协定》,并决定成立气候变化信托基金和气候变化特别基金,以支持向发展中国家转让减缓与适应气候变化技术。2009 年《哥本哈根协议》对资金问题做出了初步框架安排,即建立绿色气候基金,发达国家承诺在 2010—2012 年提供 300 亿美元快速启动资金,并在 2020 年后达到每年 1000 亿美元。"绿色气候基金"自 2011 年启动以来,发达国家并没有完全兑现注资承诺,而且绿色气候基金还未形成有效的跟踪机制来确保发达国家遵守资金援助承诺,发达国家是否在 2020 年后每年拿出 1000 亿美元注入绿色气候基金、帮助发展中国家应对气候变化仍不确定。2015 年 12 月巴黎气候大会上,发达国家能否承诺给予发展中国家足够的气候援助仍是双方争论的重要议题。发展中国家强烈要求增加援助,而质疑国际援助的环境改善有效性是发达国家不愿履行援助义务的原因之一。

中国经济迅速增长的过程中,环境质量不断恶化。由耶鲁大学、哥伦比亚大学共同发布的 2010 年世界环境绩效指数(Environmental Performance Index,简称 EPI)显示,中国得分仅为 49,在 163 个国家和地区中位列第 121 位,总体环境状况差❶。根据国际能源署的统计(IEA,2008),中国 2007 年由消费化石燃料而生产的二氧化碳排放量已经超过美国,成为全球最大的碳排放国。根据中国环保部公布的《2014 年中国环境状况公报》,虽大部分环境质量指标继续好转,总体环境状况仍然十分严峻,特别是大气污染较严重,如 2014 年开展空气质量新标准监测的 161 个地级及以上城市中,145 个城市空气质量超标。中国政府 20 世纪 80 年代中期开始意识到环境问题的重要性,"七五"计划首次将环境保护纳入经济与社会发展的目标,并不断提出环境质量的约束性目标。2014 年 11 月,中国承诺 2030 年单位 GDP 二氧化碳排放比 2005 年下降 60%—65%,非石化能源消费占一次能源消费比重达到 20%。中国面临着巨大压力,需要借助国际资金与技术之力全方位地保护环境。

中国在自力更生基础上借助国际援助,一方面弥补了资金缺口,另一方面在建设援助项目过程中吸收先进技术与管理经验。1982 年联合国国际农业发展基金向中国投入 2530 万美元的优惠贷款用于治理土壤盐化问题,揭开了对华环境援助的历史。截至 2011 年,中国共接受 11 个多边援助机构和 28 个双边援助机构包括优惠贷款、无息贷款、无偿资金援助、技术援助在内的环境援助 141 亿美元❷,对中国的环境治理产生了广泛影响。进入 21 世纪,随着中国国际经济、

---

❶ 黎勇:《2010 环境绩效指数——政策制定者概要》,《世界环境》2012 年第 1 期,第 53 页。
❷ 本书采用了两种口径的环境援助统计,从而各处的环境援助数据不完全相同,但同一口径的环境援助数据是一致的。同时,研究均未纳入 2011 年后的援助数据,在于援助数据来自基于项目进行统计的 PLAID 数据库,而援助项目纳入数据库不及时,使近年数据不完整,从而不能统计出近年的援助数据。

政治地位的不断攀升,西方援助国对"中国毕业"呼声越来越高,2005年后国际对华援助开始持续下降,对华环境援助也随之减少。对于中国来说,国际援助带来的环境技术及其管理理念是提升中国环境保护的重要方面,发达国家走过的"先发展,后治理"之路使他们获得了宝贵的环保经验与理念、先进的环境技术,值得借助环境援助的途径向中国传播。目前中国与发达国家在环境技术方面差距较大,具有一定优势的环境技术主要集中在水泥、地热、太阳能、水能、沼气等方面。环保资金与环境技术是改善中国环境状况的保障,中国需要继续借助于国际环境援助的增加,既帮助中国弥补环境治理的资金不足,又提供一个有效提高环境技术的重要途径,为改善全球环境作出贡献。

在全球气候问题谈判中,发达国家与发展中国家在资金和技术援助问题上分歧严重,发达国家质疑援助改善环境的有效性而不愿履行援助义务。中国作为二氧化碳等跨境污染物的排放大国和发展中大国,在应对环境恶化问题和应对气候变化问题上居于举足轻重的地位,中国治理污染特别是跨境污染离不开国际社会的资金和技术支持。为此,研究对华环境援助的减污效应具有重大的现实意义和学术价值。

现实意义如下:

(1)研究对华环境援助的减污效应有助于中国争取更多环境援助

发达国家向发展中国家提供环境援助乃世界范围内有效应对气候等全球性环境问题的重要途径。对中国而言,环境援助除了解决环保资金缺口,更重要的在于它提供了技术和管理服务,产生技术溢出,成为提升中国环境技术和培养环保技术骨干的重要方式,是中国有效地改善环境不可替代的途径。在历次全球气候谈判中,发达国家承诺向发展中国家提供资金和技术援助的意愿不足。依据2005年《关于援助效果的巴黎宣言》(简称《巴黎宣言》),国际社会在援款分配上认同了向援助效果较好的受援国倾斜。日本学者认为日本2005年停止对华日元贷款的原因在于2000年前后日元贷款的经济费用和政治费用与其利益效果之间失衡❶,说明了援助效果对援助方具有导向作用。因此,明确对华环境援助的减污效果,并探索影响对华环境援助效果的因素,有针对性地提高对华环境援助的效果,将帮助中国争取更多的环境援助。

---

❶　关山健:《日本对华日元贷款研究——终结的内幕》,吉林大学出版社2011年版,第75页。

（2）研究跨境污染将正向激励发达国家增加对华环境援助

发达国家提供援助具有自利性，更关注与其自身利益密切的环境领域而非所有环境问题，期望通过环境援助以减少温室气体排放为代表的跨境污染，改善自身环境。本书也研究跨境污染问题，将对发达国家积极提供援助产生正向激励，增强其对华援助的意愿。因此，研究国际援助的环境效应显得十分迫切。

（3）研究环境援助产生减污效应的机制，为提高对华环境援助效果提供优化政策

环境援助可以影响受援国的生产与消费、技术水平、产业结构以及环境政策，从而改变污染物排放，产生直接减污效应，形成规模效应、结构效应、技术效应和政策效应等。本书通过影响机制的分析解出对华环境援助减污效果的优化政策。宏观上，争取对华环境援助达到最佳减污效果的合意规模；微观上，使援助项目的技术内涵得到最大程度提升。

同时，随着中国经济实力的增强和对非洲等援助的增加，中国成为国际援助中的新兴援助国（Emerging Donor），如何提高中国援助的环境正效应也是重要议题，具有重要研究价值。

学术价值如下：

学术界对国际援助的经济学研究多集中于援助对受援国经济增长、政策的影响以及福利的变化，而对环境影响的研究相对较少。国际经济学领域的环境效应研究起源于国际贸易和国际投资方面，学术研究成果丰硕，为起步较晚的国际援助环境效应研究提供了借鉴的理论框架。在举世高度关注以气候变化为代表的环境问题的背景之下，学术界对国际援助的研究从注重国际援助的经济增长效应扩展到国际援助的环境效应。1994年，Copeland和Taylor在"南北贸易与环境"一文中探讨了国际援助的环境效应，国际援助与环境的专题研究随之逐步深入，主要集中在以数理模型分析援助是否改善环境和福利及其影响因素、以计量方法检验援助的实际环境效果[1]。

目前，专门研究国际援助与环境的学术文献较少，援助影响环境的研究空间很大。首先，从研究范围看，这一领域几乎所有的研究都集中在总体援助的环境效应上，还缺少研究专项援助的环境效应。其次，在理论研究方面，现有文献对

---

[1] 参见余群芝：《国际援助的环境效应研究述评》，《江汉论坛》2013年第3期，第52—55页。

援助影响环境的机制进行了多角度的分析,包括减污技术角度、污染性商品需求角度、排污税角度和受援国环境意识角度等,但上述研究还未形成统一的分析框架,研究者从不同视角出发得出的理论观点也不同,因此,援助影响环境的理论分析框架还有待进一步完善。最后,在实证研究方面,多数研究从宏观上估算援助对特定污染物的总效果,很少从微观项目视角研究援助的环境效应。本书在理论分析方面,将建立环境援助影响环境的理论分析框架,将影响机制分为直接环境效应与间接环境效应。在实证分析中,本书利用中国的历史数据资料,从宏观上估算对华环境援助的减污总效果以及达到最优减污效果的合意援助规模;在微观上,运用案例分析方法对环境援助项目的环境效应进行评价。本书无论在理论方面还是在实证方面将突破现有援助与环境的研究,具有重要的学术价值。

本书涉及诸多概念,在此首先明确其内涵及其相互联系。

国际援助(Internaitonal Aid)表现为一国或国际组织机构向另一国的转移支付,前者为援助国(或援助方),后者为受援国(或受援方),援助国向受援国提供无偿或优惠的有偿物质或资金,以解决受援国面临的各方面问题。

国际发展援助(International Development Assistance)是指发达国家或高收入发展中国家、国际组织及民间团体等援助方向发展中国家提供资金、物资及技术等,以促进发展中国家发展经济和提高社会福利为目标的具体活动。国际发展援助不包括军事援助、战略援助等首要目标不是促进经济发展和福利水平提高的其他形式的援助。从援助的主体看,国际发展援助可以分为官方发展援助(Official Development Asistance,简称ODA)与非官方发展援助❶,本书所指的是ODA。按照OECD对ODA的界定,是指援助国政府向受援国提供、且双方对等官方机构实施的无偿援助或优惠贷款,具体包括赠款、贷款与赠款结合、多边机构贷款、技术援助❷和方案援助❸。具体地,对华发展援助则是以中国为受援国的发展援助。

---

❶　非官方发展援助为非政府机构、基金会、企业及个人向受援国提供的援助,以非官方途径开展援助活动,占国际发展援助的份额较低,约为20%左右。

❷　技术援助主要包括向受援方派遣技术人员提供技术服务;培训受援方技术人员;向受援方提供技术资料、设备;帮助受援方建立科研机构、学校、医院、职业培训中心及技术推广站;兴建各种示范性项目等。

❸　方案援助是援助方以一系列综合发展计划和方案的形式向受援方提供援助,表现为整合性援助,一般用于进口拨款、国际收支津贴、预算补贴、偿还债务、区域发展和规划等领域。

国际环境援助是 ODA 的一个援助领域,是用于改善环境的发展援助。ODA 的各种援助方式都会在环境援助中实施。具体地,对华环境援助则是以中国为受援国的环境援助。

三个概念的外延可由图 0-1 显示,可见国际援助的外延最广,而国际环境援助的外延最窄,本书聚焦的对华环境援助正是发达国家和国际组织机构向中国提供的、以改善环境为目标的发展援助。

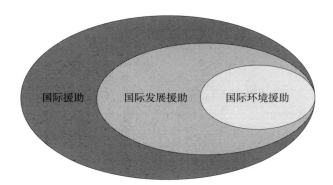

图 0-1 国际援助、国际发展援助、国际环境援助关系示意图

双边援助(Bilateral Aid)和多边援助(Multilateral Aid)是 ODA 的两种援助渠道,体现为援助主体的差异,前者为两国政府对等机构之间实施的发展援助,如德国政府援助中国西部造林;后者则为国际组织机构(如世界银行、联合国系统)向受援国提供发展援助,如亚洲开发银行援助中国治理污水。有的双边援助也委托多边机构具体负责援助项目的实施。

第一章　环境援助减污效应的理论分析

国际经济活动对全球污染排放产生了广泛的影响,国际援助作为一种国际资本流动影响到生产与消费、产业结构、技术水平以及环境政策的变化,进而也影响到污染排放及环境的变化。

环境援助的领域是自然环境保护与环境治理,表现为发达国家和国际组织向发展中国家提供用于环境保护的资金、设备、技术以及经验。环境援助主要作用于环境产品,如空气、水体和土壤等,它具有一般公共产品的特性,同时还具有很强的跨国性。鉴于发展中国家生态环境的脆弱和环境治理资金与技术的缺乏,环境援助能对其环境状况产生直接和间接的影响。

考虑到国际援助效应分析的完整性及减污效应分析的主体性,本章首先简单勾画国际援助的综合效应,然后借鉴国际贸易的环境效应理论,专门从受援国角度,在理论上探讨包括环境援助在内的国际援助影响受援国环境的机理。

第一节　国际援助的综合效应和国际贸易的环境效应

国际援助影响到受援国经济的各个方面,带来经济效应、环境效应及福利效应,构成了国际援助的综合效应。鉴于环境效应分析将成为后面的主体,这里主要分析国际援助的经济效应和福利效应。国际经济学领域的环境效应研究起源于国际贸易和国际投资领域,为起步较晚的国际援助环境效应研究提供了理论基础的借鉴。

一、国际援助的经济效应

国际援助的经济效应表现为国际援助对受援国经济增长产生的影响。通过国际援助提高受援国的经济增长和社会发展水平,是援助国希望达到的援助目标。第二次世界大战后随着国际援助规模的扩大,国际援助与受援国经济增长的关系问题得到广泛研究。国际援助主要通过影响生产要素积累从而影响受援国经济增长。一般认为,国际援助能够促进发展中国家的经济增长,因为发展中国家在经济增长过程中受到很多瓶颈因素的制约,如储蓄和投资、出口收入和劳动力素质等,在不同的发展阶段受到的制约因素可能也不同,而国际援助可以缓解这些制约因素,从而对发展中国家的经济增长起到促进作用。

同时,国际援助促进受援国的经济增长有一定的前提条件:

一是政策条件。国际援助是否对经济增长起到促进作用与受援国是否具有良好的经济增长环境有关,受援国的经济政策是很重要的方面,包括货币政策、财政政策等,援助只有投向有良好政策环境的国家才可能促进受援国经济增长,否则难以对经济增长产生影响。

二是援助要有适宜规模。一些学者研究发现,当援助规模要超过一定范围时会促进受援国的经济增长,如要与受援国的人口增长保持同步。

三是制度条件。稳定的、民主的制度环境对援助能否发挥作用有很大影响,不稳定的政治环境、应对外部冲击时的脆弱性都不利于援助作用的发挥。

四是贸易开放程度。援助在具有较高贸易开放度的国家更能促进经济增长,因为国际贸易能通过专业化分工和激烈的竞争使受援国获得规模经济,并提升其技术和知识水平,贸易开放度高的国家在获得援助后经济增长动力更强。

二、国际援助的福利效应

国际援助的福利效应指国际援助对受援国福利水平的影响。国际援助的福利效应体现在以下几个层面:

一是国际援助通过增加对受援国的转移支付,促进受援国的经济增长,提高低收入者的收入水平,从而改善受援国的福利水平;

二是国际援助通过增加公共支出改善受援国的福利水平。在教育、健康、水利和公共卫生部门的援助投入对受援国的公共服务产生积极影响。由于福利水平较低的国家改善空间更大,因此该改善效果在此类受援国更为明显;

三是国际援助通过改善低收入者进入社会服务和创造收入的途径来提高受援国的福利水平,例如国际援助投向农村基础设施、微观信贷和农业技术支持等方面的支出,将提高低收入者的就业机会与收入,增进其福利;

四是国际援助以技术支持和人力资本培训等渠道,提高受援国的技术水平,加上援助本身也产生技术溢出效应,改变受援国经济的长期均衡,从而改善其福利状况。

四个层面从不同方面形成受援国福利上升通道,综合影响受援国的福利水平。

三、国际贸易的环境效应理论先导

国际贸易的环境效应理论对国际援助的环境效应分析具有直接的理论价值,是国际援助环境效应的理论源头和理论先导。

Grossman 和 Krueger(1991)最早研究国际贸易的环境效应,他们提出污染物排放是生产活动的副产品,影响污染物排放的三个因素分别是经济活动的规模、结构及其使用的技术,从而认为规模效应、结构效应和技术效应构成了国际贸易的环境效应,成为国际贸易的环境效应理论基本分析框架。这一基本框架为 OECD(1994)所拓展,在规模效应、技术效应和结构效应基础上,增加了产品效应。Antweiler,Copeland 和 Taylor(2001)进一步将该框架模型化,具体区分与量化了规模效应、结构效应和技术效应。

规模效应指产业结构和污染排放强度不变时,国际贸易扩张了经济规模,促进了经济增长,增加了资源消耗和环境污染。国际贸易一方面带来了产出的增加,产生了能源使用上升和各种污染物排放增加,另一方面国际贸易增加了交通运输量,导致二氧化碳等废气排放上升。规模增长与污染上升同向变动,规模效应显示为正。❶

结构效应强调国际贸易带来了产业结构的变化,从而对污染排放产生影响。一国以其比较优势参与国际分工与贸易,在清洁产业上具有比较优势,则其他条件不变时,贸易扩张其清洁产业,收缩其污染产业,优化其环境;反之,一国以污染产业为比较优势,则贸易扩张其污染产业,恶化其环境。可见,贸易对各国的产业结构影响不一,对环境产生的结构效应也随之变化,可能显示为正,也可能显示为负。

---

❶ 依污染排放与国际贸易、环境援助规模是否同向变化来判断效应的正负。污染随国际贸易、环境援助上升而减少,则为负,因而效应为负实则改善环境;反之,污染随国际贸易、环境援助上升而增加则为正,效应为正实则恶化环境。

技术效应表明的是国际贸易引起技术水平的变化,特别是环境技术的进步,其他条件不变时,减少污染排放。国际贸易提高技术水平的影响来自三个方面:一是直接的技术贸易提高了包括环境技术在内的技术水平,特别是进口清洁技术,对环境产生直接改善作用;二是国际贸易带来经济增长与收入增加后,消费者对环境友好产品的需求增强,其环境支付意愿与支付能力上升,促进整个社会提高环境标准、推进环境技术进步,从而带动产业结构转向清洁化,改变污染排放强度,形成积极环境效应;三是贸易进口和出口还能导致技术扩散,特别是产生清洁技术的扩散,促进环境改善。国际贸易增长带动技术特别是环境技术的进步,减少了污染排放,两者反向变动,技术效应显示为负。

规模效应、结构效应与技术效应三者合力形成国际贸易的总环境效应。规模效应恶化环境,技术效应改善环境,结构效应的正负则取决于一国比较优势产业的清洁度,可能改善环境,也可能恶化环境。若结构效应改善环境、技术效应超过规模效应,则最终改善环境。

规模效应、结构效应与技术效应的理论框架也广泛应用于国际直接投资的环境效应分析,同时成为分析国际援助环境效应的理论借鉴。

第二节　环境援助影响受援国环境的理论机制

借鉴上述理论,以现有文献中国际援助的环境效应分析为基础,我们提出环境援助对受援国形成直接环境效应,产生规模效应、结构效应、技术效应、政策效应四种基本的间接效应,也带来了挤出挤入效应及扩散效应,七个维度的效应综合作用,形成环境援助最终的总环境效应。七种效应构成图1-1所示的七维度理论框架。下面分别对七个维度环境效应的形成机理进行解析,以补充和丰富相关理论。

一、环境援助的直接环境效应

环境援助本身以改善受援国环境状况为目的,其援助项目直接带来环保资金增加,直接使治污设施增加、治污技术提高、环保意识增强等,直接作用于环境领域,产生直接环境效应。

环境援助的直接环境效应,是指援助项目本身对项目目标对象污染状况的

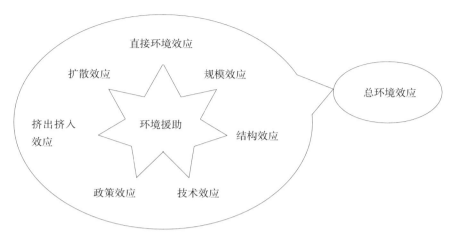

图1-1 理论框架图

改善效果,为环境项目实施的直接减污效应。与环境援助的规模效应、结构效应和技术效应等间接效应不同,直接减污效应是援助项目本身带来的环境改善效果,为环境援助项目的直接产出结果。如风力发电项目建成风力发电设施,替代了部分传统发电及其产生的污染排放,直接减少二氧化碳排放,清洁了大气环境;污水治理援助项目改善目标水体质量;烟气脱硫项目提高受援地空气质量;等等。而环境援助之外的其他国际援助则没有这种直接环境效应。

环境援助一般建成直接有利于环境改善的硬设施或软条件,污染排放随着环境援助规模的扩大而下降,故环境援助的直接环境效应显示为负。

二、环境援助的规模效应

国际贸易的规模效应来自贸易扩大了经济规模,增加了污染排放,国际援助亦如此。包括环境援助在内的国际援助对受援国产生规模效应,在于援助本身作为一种国际转移支付,形成了资金或物资设备从援助方向受援国的转移,一方面援助直接增加了受援国的生产要素积累,从而扩大了受援国的经济规模,另一方面在长期内间接地促进了受援国的经济增长,提高了受援国的生产与消费。在产业结构和污染排放强度不变的条件下,援助无疑增加了受援国的资源消耗与污染物排放,最终恶化了环境,产生显示为正的规模效应。规模效应也可以看作收入效应。

纯环境援助的条件下,即全部援助款额为环境援助、全部用于环境项目,环境援助仍对受援国产生规模效应,至少短期内如此。以建设风能发电站的环境援助项目为例,一是环境援助直接或间接地增加了相关群体的收入,带动消费增加,至少增加了固体废物如食品包装塑料袋,从而产生不利环境的影响。二是援助项目产生了对风能设备的需求,引致设备制造扩大,设备制造不可避免地消耗原材料与能源,进而增加了污染排放与资源消耗。三是工程建设过程中多环节会增加环境负担,包括风电设备进入工地需要大型车辆运输,既增加了大气污染,又因开通至施工地点的大型车辆运输通道,不同程度地破坏工地附近的原有自然生态;国外专家指导与培训产生交通与消费费用的增加,进而增加了污染排放。所有这些污染排放的增加皆源自环境援助产生的污染增量,可归结为规模效应。

三、环境援助的结构效应

国际贸易的结构效应来自于贸易对产业结构与污染排放的影响,国际援助也影响受援助国的产业结构及其污染排放。环境援助的结构效应指援助影响到原有的资源配置和生产的产业结构,在经济规模和污染排放强度不变的情况下,产业结构清洁化则污染排放减少,形成负的结构效应,产业结构污染化则产生为正的结构效应。

环境援助的结构效应来自三个层面,如图1-2所示:

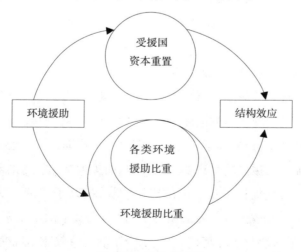

图1-2 结构效应图

一是环境援助整体上作为一种国际资本的流入影响受援国的资本重新配置,引起各产业间的产出结构发生变化,进一步影响环境。

二是环境援助占整个国际援助的比重高低影响产业的清洁化程度,环境援助比重上升将提升清洁产业的比重,产业结构趋于清洁化。

三是环境援助用于治理各类污染物的比重分布影响不同污染物的排放结构,用于治理水污染、大气污染、固体废物、生物多样性等的援助比重不同,则对各类污染物的排放影响有异,比如环境援助专门援助大气污染治理的极端情况下,而其他保持不变,则仅大气污染得到控制。

总的来看,国际援助的结构效应可能为正也可能为负。

四、环境援助的技术效应

国际贸易改变技术水平而产生技术效应,国际援助也类同。环境援助的技术效应体现在援助降低了受援国的污染排放强度。

环境援助的技术效应体现在四个方面:一是援助项目直接采用先进技术设备如排污设备,改进技术清洁度;二是援助项目即使不包括直接技术援助,也产生技术溢出效应,在经济总量和产业结构保持不变时,污染排放强度下降,改善环境;三是受援国收入增加后产生高环境质量需求,将提高环境标准,促使受援国采用清洁技术❶。四是国际援助项目在管理上与国际接轨,使受援国采用规范的项目管理规章,提高经济效率,包括降低单位产出的能耗与投入,从而减少了污染。环境援助对受援国技术水平的四方面影响最终形成负的技术效应,减少污染、改善环境。

五、环境援助的政策效应

政策效应体现在国际援助对环境政策的影响,环境政策表现为排污税、排污配额等形式。环境援助的政策效应具体为援助影响环境标准。

从受援国角度看,援助影响环境政策的渠道是多元的:一是援助方提供的援助带有捆绑性,直接要求受援国采取某种政策或某种制度安排,以更好地保护环境。与环境政策捆绑的国际援助直接促使受援国提高环境标准,强化环境

---

❶　参见佘群芝:《国际援助的环境效应研究述评》,《江汉论坛》2013 年第 3 期,第 52 页。

保护。二是援助提升了受援国的收入水平,环境标准是收入的增函数,驱动环境标准提高❶。三是环境援助项目注重环境影响评估,项目实施过程中注重环保细节,培养了公众的环保意识,推动环境标准上升。四是环境援助通过增压、助推、借鉴等途径,引导政府部门增强了对环境保护重要性的认识,对当地政策制定者的环保观念、态度产生积极影响,使政策制定者更加重视环境保护,积极出台加强环境保护的政策法规,提高环境标准。援助上升推动环境标准提高,降低污染排放,这无疑形成负的政策效应,改善环境。这是一个长链条的影响。

政策效应可看作一种综合性较强的援助效应❷,既受其他效应的牵制,如受援国收入增加驱动环境标准提高,同时也影响其他效应,比如,环境标准提高驱动产业结构的清洁化,强化结构效应,也促成清洁技术的应用,增强技术效应。

六、环境援助的挤出挤入效应

环境援助的挤出挤入效应反映了环境援助对受援国环保投资变化的影响。挤出效应指环境援助增加导致受援国环保投资减少的情况,表现为环境援助的增量大于受援国环保总投资的增量。这种挤出来自两方面,一是环境援助进入受援国后,受援国政府或企业相应减少了环保投资,即环境援助部分或全部替代了受援国的环保投资,被挤出的投资随之流向高收益率部门。若流向非环保部门或非环保项目,导致受援国产业结构不利于减污,强化正的结构效应。二是接受环境援助后,受援部门削低减污投入,提高了其资本收益率,进而引起生产领域资本结构的变化。若污染生产部门的减排行为被部分或全部挤出,则引起污染排放上升❸。若受援国环保投资总量与结构保持不变,则受援国环保水平不变,呈中性。存在挤出效应时,若形成受援国环保投资总量与结构的变化,则对减污影响具有不确定性,挤出效应可能为正或为负。

环境援助的挤入效应,指环境援助带动了受援国环保投资的上升,表现为环境援助的增量小于受援国环保总投资的增量。这种挤入具体来自三个方面:一是

❶ 参见佘群芝:《国际援助的环境效应研究述评》,《江汉论坛》2013年第3期,第52页。
❷ 参见佘群芝:《国际援助的环境效应研究述评》,《江汉论坛》2013年第3期,第52页。
❸ Schweinberger和Woodland(2005)认为环境援助可能挤出受援国自身减污支出,提高资本回报率,从而增加污染物排放。

政策效应作用下受援国政府重视环境保护而主动增加了环保投资;二是环境援助的捆绑援助要求受援国配套环保投资,直接产生了新的环保投资;三是环境援助的项目设施在后续使用中需要不断增加环境投入,如援助的环境监测站建成后,日常运行中除了增加原先没有的人员支出和仪器设备维护费用,还需要不断投入相关耗材等,从而增加了受援国环保投资总量,提高了其环保总投资的增量。存在挤入效应时,环境援助增加得以减少受援国污染排放,改善环境,形成负的挤入效应。

挤出效应与挤入效应聚合,对环境的影响具有不确定性。

七、环境援助的扩散效应

环境援助的扩散效应表现为援助国向受援国企业、居民、政府等主体传播环境保护知识,以及环境保护规范或技术向非项目单位或地区的扩散。

这种扩散效应通过多渠道发挥作用,如图1-3所示:一是援助项目培训的项目人才继续在其他项目上发挥才干,并推广其相关环保理念与技术;二是援助项目采用的先进环保技术、规范的管理流程等具有示范性,向其他项目以及其他领域、其他地区扩展,扩大了其影响;三是环境援助培养了各经济主体的环保意识,通过环保理念的传播提升了整个社会的环保意识。三个方面的扩散进一步改善环境,形成负的扩散效应。

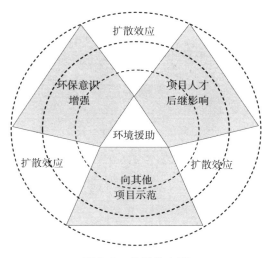

图1-3　扩散效应图

八、环境援助减污效应的聚合

环境援助的七种维度对环境的影响不一,其中规模效应恶化环境,直接环境效应、技术效应、政策效应及扩散效应则改善环境,结构效应与挤出挤入效应具有不确定性,如表1-1所示。7种效应综合为环境援助的总环境效应,若直接环境效应、技术效应、政策效应与扩散效应很强,则促成有效改善环境。

表1-1　七种维度的不同环境影响

恶化环境	不确定	改善环境
规模效应	结构效应 挤出挤入效应	直接环境效应 技术效应 政策效应 扩散效应

环境援助在受援国产生直接环境效应、规模效应、结构效应、技术效应、政策效应、挤出挤入效应及扩散效应,结合上述各效应的具体分析,可以构建环境援助的七维度理论框架详解图,如图1-4所示。

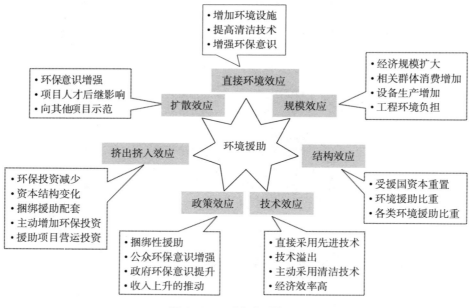

图1-4　理论框架详解图

　　七种维度环境效应之间存在互相关联,典型的如直接环境效应建成的环保基础设施需要后续营运的投入,加强了挤入效应;规模效应形成受援国经济增长时,基于环境标准随收入增加而提高,增强政策效应,扩散效应也提高公众及政策制定者的环保意识,从而强化政策效应;政策效应使环境政策趋严,驱动产业结构转向清洁化,强化结构效应,也促成清洁技术的开发与应用,增强技术效应,还带动政府与企业的环保投资,提升挤入效应;扩散效应与政策效应影响受援国投资的产业结构变化,影响到结构效应;挤出挤入效应在改变受援国环保投资总量及投资结构的过程中,也增强了结构效应。这些交互关系可以由图1-5直观呈现。

　　七种维度环境效应间的交互作用中,不仅改善环境的效应之间交互促进,如政策效应增强技术效应,扩散效应提升政策效应;而且改善环境的效应对不确定的环境效应具有强化作用,如直接环境效应与政策效应一起影响到挤出挤入效应,扩散效应影响到结构效应。另一方面,恶化环境的效应同时也影响到改善环境的效应,如规模效应促进政策效应。这些复杂的交互影响最终构成环境援助在受援国产生的总环境效应。

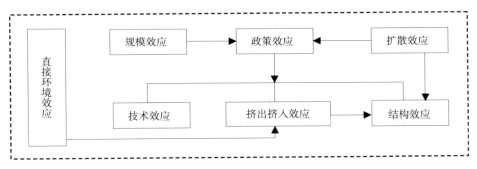

图1-5　七效应间关系

第三节　环境援助的减污效应模型

　　在理清环境援助影响受援国环境的理论机制的基础上,这里建立模型重点探讨环境援助产生的直接减污效应、规模效应、结构效应和技术效应。

　　Antweiler *et al.*(2010)建立污染物排放指标的需求和供给模型考察贸易——

环境关系,在模型中导出贸易对环境影响的规模效应、结构效应和技术效应。我们沿用 Grossman 和 Krueger(1991)贸易影响污染物排放的三效应理论,同时借鉴 Antweiler et al.(2010)的分析框架,在污染物排放指标的供需模型中考虑环境援助对经济规模、经济结构和生产技术的影响❶,考察环境援助的直接减污效应以及环境援助对污染物排放产生的规模效应、结构效应和技术效应等间接效应,并汇总上述各效应的总效应。❷

一、污染排放指标的需求:生产和减污部门

假设一国生产产品 X 和 Y,X 为资本密集型产品,生产过程中会排放污染物,Y 为劳动力密集型产品,生产过程中没有污染排放。生产要素为资本 K 和劳动力 L。设 Y 的价格为 1,X 的价格为 p;K 和 L 的价格分别为 w 和 r。政府对污染征税,单位污染的税收为 τ。X 生产商会将部分产品用于减污,以实现利润最大化,设投入 θ(0<θ<1)部分 X 用于减污时,单位排放为 e(θ),则 X 生产商减污后的排放为 Z= e(θ)X,其中 e 代表一定的生产技术和减排技术。环境援助用 A 表示(A 为外生),设 A 单位的环境援助使 Z 单位的污染物减少为 g(A)Z,其中 0<g(A)<1,且 g'(A)<0,g''(A)>0。

X 生产商的利润函数为:

$$\pi = [P(1 - \theta) - g(A) e(\theta) \tau] X - rK - wL \tag{1}$$

令 $P^N = P(1 - \theta) - g(A) e(\theta) \tau$, P^N 为除去税收后 X 的净价格。X 生产商利润最大化的一阶条件为:

$$P = - g(A) e'(\theta) \tau \tag{2}$$

因此 $e'(\theta) = - \dfrac{P}{g(A) \tau}$, $e' < 0$,则有 $\theta = \theta\left(\dfrac{g(A) \tau}{P}\right)$, $\theta' > 0$; $e = e\left(\dfrac{g(A) \tau}{P}\right)$ 。

可见,当环境援助 A 增加时,X 生产商的减污投入比例 θ 减少,这意味着环境援助挤出私人减污,θ 减少导致单位产出的污染排放 e 增加,短期内产出不变时污染排放总量增加,但同时在环境援助 A 的作用下,最终污染排放 g(A)e(θ)X 可

---

❶ Schweinberger 和 Woodland(2005)认为环境援助可能会增加受援国产出,亦可能会挤出受援国自身减污行为,提高资本回报率,从而增加污染物排放。

❷ 参见余群芝、王文娟:《环境援助的减污效应——理论和基于 1982—2008 年中国数据的实证分析》,《当代财经科学》2013 年第 1 期,第 67—70 页。

能不变；长期来看 X 生产部门减污成本降低形成的利润空间将吸引资本流入，生产部门的结构调整可能导致总排放量 $g(A)e(\theta)X$ 增加❶。

二、污染排放指标的供给：政府部门

政府部门的效用最大化行为决定污染税。假设政府是完全民主的，其效用由两部分组成：国家财富收入和环境质量的影响。其中国家财富收入包括消费者财富收入和政府税收两部分。环境质量对政府效用的影响取决于消费者对环境的偏好：若消费者是环境偏好型，则环境恶化对政府效用影响较大；若消费者对环境质量不关心，则环境恶化对政府效用影响小。用 U 表示政府效用，则有：

$$U = Nu\left(\frac{G/N}{\rho(P)}\right) - N[\lambda\delta^g + (1-\lambda)\delta^b]g(A)e(\theta)X \tag{3}$$

其中，消费者总数为 N，环境偏好型消费者（用 g 表示）所占比例为 λ，非环境偏好型消费者（用 b 表示）所占比例为 $1-\lambda$。δ^i（$i=g,b$）表示环境质量对政府效用的单位影响，$\delta^g > \delta^b > 0$。可见，环境偏好型消费者所占比例越大，环境恶化的效用损失就越大。国家财富收入 $G = P^N X + A + g(A)e(\theta)X\tau$。

令 $\dfrac{G/N}{\rho(P)} = I$，$g(A)e(\theta)X = E$，则政府效用最大化的一阶条件为：

$$u'(I)\frac{dI}{d\tau} - [\lambda\delta^g + (1-\lambda)\delta^b]\frac{dE}{d\tau} = 0 \tag{4}$$

又 $$\frac{dI}{d\tau} = \frac{d\frac{G/N}{\rho(P)}}{d\tau} = \frac{\tau}{N\rho(P)}\cdot\frac{dE}{d\tau} \tag{5}$$

将（5）代入（4）得：

$$\tau = \frac{[\lambda\delta^g + (1-\lambda)\delta^b]N\rho(P)}{u'(I)} \tag{6}$$

令 $T = [\lambda\delta^g + (1-\lambda)\delta^b]N$，T 代表环境质量偏好方面的国家特征。（6）式可以简写成 $\tau = Tf(P,I)$，由于效用函数的凹性，有 $u''(I) < 0$，因而 $\dfrac{d\tau}{dI} > 0$，表示人均收入增加会带来污染税的增加。

---

❶ Schweinberger 和 Woodland（2005）中不变定理不成立的一种情况。

三、污染排放指标的需求和供给

排放指标的需求方面，

$$E = g(A)\, e(\theta)\, X = g(A)\, e(\theta)\, S\varphi \tag{7}$$

其中 S 代表经济体的总规模，$S = Y + PX$。φ 表示经济结构，即最终产品中 X 所占比例。

由(7)式得：

$$\hat{E} = \varepsilon_{g,A}\hat{A} + \hat{e} + \hat{S} + \hat{\varphi} \tag{8}$$

在(8)中，符号"^"表示变量的百分比变化，$\varepsilon_{i,j}$ 表示变量 j 对变量 i 的影响弹性。

由 $e = e\left(\dfrac{g(A)\,\tau}{P}\right)$ 得：

$$\hat{e} = \varepsilon_{e,P/g(A)\,\tau}(\hat{P} - \hat{\tau} - \varepsilon_{g,A}\hat{A}) \tag{9}$$

X 价格 P、排污税 τ、环境援助 A 能带来的排放变化都会引起 e 的变化，由 $g'(A)<0$ 得 $\varepsilon_{g,A}<0$，可见在不考虑其他变化的情况下，环境援助的增加使 e 增加，从而排放增加，我们把环境援助的这种影响称为挤出效应，即环境援助挤出 X 厂商的部分减污行为。

经济结构 φ 由经济体资本劳动比 k 和 X 的利润率(与 X 的净价格相关)决定，因而 φ 的增长率可以表示为：

$$\hat{\varphi} = \varepsilon_{\varphi,k}\hat{k} + \varepsilon_{\varphi,P^N}\hat{P^N} \tag{10}$$

又由 $P^N = P(1 - \theta) - g(A)\, e(\theta)\, \tau$ 得：

$$\hat{P^N} = \hat{P}\left(1 + \frac{g(A)\, e(\theta)\, \tau}{P^N}\right) - \frac{g(A)\, e(\theta)\, \tau}{P^N}(\hat{\tau} + \varepsilon_{g,A}\hat{A}) \tag{11}$$

由(10)和(11)知道，经济结构的变化受资本劳动比、X 的价格水平、排污税以及环境援助的影响。同样由于 $\varepsilon_{g,A}<0$，环境援助增加 X 生产商的净利润，从而引起经济结构朝污染型方向变化，可见环境援助引起的结构效应为正，即增加污染排放。

将(9)、(10)、(11)代入(8)得：

$$\hat{E} = \left(\varepsilon_{g,A} - \varepsilon_{e,P/g(A)\,\tau} \cdot \varepsilon_{g,A} - \frac{g(A)\, e(\theta)\, \tau}{P^N} \cdot \varepsilon_{g,A} \cdot \varepsilon_{\varphi,P^N}\right)\hat{A}$$

$$+ \left[\varepsilon_{e,P/g(A)\ \tau} + \left(1 + \frac{g(A)\ e(\theta)\ \tau}{P^N} \right) \varepsilon_{\varphi,PN} \right] \hat{P}$$

$$- \left(\varepsilon_{e,P/g(A)\ \tau} + \frac{g(A)\ e(\theta)\ \tau}{P^N} \varepsilon_{\varphi,PN} \right) \hat{\tau} + \hat{S} + \varepsilon_{\varphi,k} \hat{k} \tag{12}$$

排放指标的供给方面,由 $\tau = Tf(P,I)$ 得:

$$\hat{\tau} = \hat{T} + \varepsilon_{f,P} \hat{P} + \varepsilon_{f,I} \hat{I} \tag{13}$$

联合排放指标的供给方程(13)和需求方程(12)得:

$$\hat{E} = \left(\varepsilon_{g,A} - \varepsilon_{e,P/g(A)\ \tau} \cdot \varepsilon_{g,A} - \frac{g(A)\ e(\theta)\ \tau}{P^N} \cdot \varepsilon_{g,A} \cdot \varepsilon_{\varphi,PN} \right) \hat{A}$$

$$+ \left[\varepsilon_{e,P/g(A)\ \tau} + \left(1 + \frac{g(A)\ e(\theta)\ \tau}{P^N} \right) \varepsilon_{\varphi,PN} - \varepsilon_{f,P} \left(\varepsilon_{e,P/g(A)\ \tau} + \frac{g(A)\ e(\theta)\ \tau}{P^N} \varepsilon_{\varphi,PN} \right) \right] \hat{P}$$

$$- \left(\varepsilon_{e,P/g(A)\ \tau} + \frac{g(A)\ e(\theta)\ \tau}{P^N} \varepsilon_{\varphi,PN} \right) \hat{T}$$

$$- \varepsilon_{f,I} \left(\varepsilon_{e,P/g(A)\ \tau} + \frac{g(A)\ e(\theta)\ \tau}{P^N} \varepsilon_{\varphi,PN} \right) \hat{I} + \hat{S} + \varepsilon_{\varphi,k} \hat{k} \tag{14}$$

我们将(14)式进行简化:

$$\hat{E} = \pi_0 + \pi_1 \hat{S} + \pi_2 \hat{I} + \pi_3 \hat{\kappa} + \pi_4 \hat{A} + \pi_5 \hat{P} + \pi_6 \hat{T} \tag{15}$$

在(14)中,污染排放由环境援助 A、污染品价格 P、消费者特征 T(环境偏好方面的特征)、污染税 τ、人均收入 I、经济规模 S 和资本劳动比 k 共同决定。模型中生产活动对污染物排放的规模效应、技术效应和结构效应分别用 π_1、π_2 和 π_3 表示。

环境援助 A 对污染物排放的影响包括两部分:一部分为显性的 π_4,等于援助的直接减污效应 $\varepsilon_{g,A}$、环境援助对私人减污的挤出效应 $-\varepsilon_{e,P/g(A)\ \tau} \cdot \varepsilon_{g,A}$ 和环境援助的结构效应 $-\dfrac{g(A)\ e(\theta)\ \tau}{P^N} \cdot \varepsilon_{g,A} \cdot \varepsilon_{\varphi,PN}$ 三者之和;另一部分为隐性的,环境援助影响受援国的经济规模 S 和收入水平 I(代表一定的技术水平❶),通过规模效应和技术效应间接地影响污染物排放。因此,环境援助对环境总的影响可表示为:

---

❶ $d\tau/dI > 0$,随着人均收入的增加污染税随之增加;又 $e = [g(A)\tau/P]$ 且 $e' < 0$,因此人均收入 I 上升会带来减排技术 e 的进步从而污染排放减少。

$$\frac{dE}{dA}\frac{A}{E} = \pi_1 \frac{dS}{dA}\frac{A}{S} + \pi_2 \frac{dI}{dA}\frac{A}{I} + \pi_4 \qquad (16)$$

（16）式中，环境援助 A 对经济规模 S 和收入水平 I 的影响弹性分别是 $\frac{dS}{dA}\frac{A}{S}$、$\frac{dI}{dA}\frac{A}{I}$，而经济规模 S 和收入水平 I 对污染物排放的影响又分别是 π 和 π_2，π_4 是环境援助的显性效应。因此，环境援助对污染物排放的总影响为 $\pi_1 \frac{dS}{dA}\frac{A}{S} + \pi_2 \frac{dI}{dA}\frac{A}{I} + \pi_4$。

第二章　对华援助的现状与特点

国际社会对中国的援助范围很广,环境援助是对华发展援助的一部分,对华发展援助的整体走势对环境援助也产生重要影响。为此,本章在把握国际社会对华发展援助基础上,重点考察对华环境援助的现状、特点及问题。

第一节　对华发展援助的现状与特点

对华发展援助是国际社会向中国提供的官方发展援助,用以促进中国经济发展和提高中国福利水平。对华发展援助 1980 年以来呈现先增后降的走势,主要为来自世界银行、亚洲开发银行、日本、德国等的发展援助❶。

一、对华发展援助总体情况与阶段特征

自 1949 年以来,中国政府接受国际发展援助可分为 1950—1960 年和 1978 年以来的两个主要时期。第一个时期对华发展援助主要来自苏联,苏联的发展援助为新中国经济建设提供了宝贵的资金、技术和经验,有助于中国在短时期内初步建立起工业体系。第二个时期对华发展援助主要来自西方世界,1979 年 6 月,中国与联合国开发计划署签订了《合作基本协定》,正式启动了西方对华发展援助。这一时期的对华发展援助特别是对华环境援助是本书的研究对象。

1980 年至 2011 年国际对华发展援助共计 865 亿美元,开展各类项目 19918 项,援助了 25 个部门,用于 533 类活动。❷ 34 年的外援为中国的经济和社会发展作出了重大贡献。

---

❶ 参见王犟、甘小军:《国际对华发展援助的变化趋势及原因分析》,《特区经济》2014 年第 2 期,第 159—160 页。

❷ PLAID 数据库:http://www.aiddata.org。

　　表 2-1 和图 2-1 显示了 1980—2011 年国际对华发展援助总体成先增后减的趋势,可划分为四个阶段:第一阶段(1980—1990 年),援助起始阶段;第二阶段(1990—1996 年),援助快速增长阶段;第三阶段(1996—2003 年),援助回落阶段;第四阶段(2003 年至今),援助调整阶段。

表 2-1　1980—2011 年国际对华发展援助金额

(单位:百万美元)

年　份	援助金额	年　份	援助金额
1980 年	559.73	1996 年	6878.43
1981 年	641.38	1997 年	3660.58
1982 年	1007.71	1998 年	3814.55
1983 年	1056.32	1999 年	3294.66
1984 年	1232.52	2000 年	2908.49
1985 年	1494.87	2001 年	2570.20
1986 年	2481.45	2002 年	2267.47
1987 年	2349.11	2003 年	2749.01
1988 年	3634.93	2004 年	2613.15
1989 年	2401.26	2005 年	3411.00
1990 年	1347.28	2006 年	2994.02
1991 年	4020.59	2007 年	2983.07
1992 年	3684.07	2008 年	1971.60
1993 年	4118.24	2009 年	2555.76
1994 年	3761.63	2010 年	1873.68
1995 年	5009.99	2011 年	1131.27

资料来源:PLAID 数据库,http://www.aiddata.org。

注:1. PLAID(Project-Level Aid)数据库基于援助项目进行统计,统计了自 1982 年至 2011 年间中国接受的 19918 项目援助,援助涵盖 25 个部门,用于 533 类活动。

　　2. 表中援助金额数据均以 1982 年为基期根据消费价格指数进行缩减。

　　3. 此表及后文均未纳入 2011 年后的援助数据,在于 PLAID 数据库基于项目进行统计,而援助项目纳入数据库不及时,使最新数据不完整,从而不能统计出近年的援助数据。

（单位：百万美元）

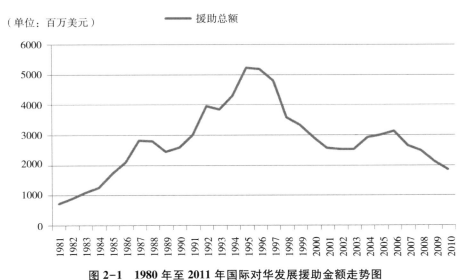

图 2-1 1980 年至 2011 年国际对华发展援助金额走势图

资料来源：PLAID 数据库，http://www.aiddata.org。

注：为平缓数据的剧烈波动更便于观察援助金额的变化趋势，对数据进行三年移动平均处理，1980 年和 2011 年数据由此损失。

（一）对华发展援助起始阶段（1980—1990 年）

本阶段是西方国家对华援助的起始阶段，也是对华发展援助的持续增加阶段。除 1989 年、1990 年两年由于国内政治事件导致对华援助减少外，其他年份对华援助逐年增加，从 1980 年的 5.59 亿美元增加到 1988 年的 36.34 亿美元，9 年间增长了 5 倍。

这一时期对华发展援助持续增加的原因在于西方对华援助的国家与机构逐步增多。改革开放后，中国政府改变了对外资的政策，在坚持自力更生的基础上，主动寻求外来援助。1979 年 6 月，中国与联合国开发计划署签订《合作基本协定》，中国正式接受联合国系统的援助。随后，各个多边援助机构和双边政府援助开始涌入中国。日本于 1979—1983 年向中国提供了最早的一批日元贷款，包括 309 亿日元商品贷款在内共 3309 亿日元；世界银行于 1981 年向中国提供该机构第一笔对华援助。1981 年 10 月，中国与澳大利亚政府签署了《中澳技术合作促进发展计划协定》，这是中国同外国政府间的第一个双边发展合作协议。随后，中国政府先后与欧洲主要国家和加拿大等签订双边发展合作总协定或议定书，如中国与德国（1982 年）和荷兰（1986 年）签署了无偿援助的双边框架协议,德国于1983年向中国提供第一笔技术合作赠款,荷兰于1987年向中国提供第一笔赠款用于农业培训。

这一时期应中国改革开放经济体制转变的需求,对华援助的战略重点是帮助中国建立市场经济体制,援助项目大部分投入基础设施建设和生产部门领域,建立经济基础。

(二)对华发展援助快速增长阶段(1990—1996年)

这阶段是冷战后援助国的政策调整时期。冷战结束后,西方援助国失去了提供发展援助的政治动力,援助国提供的官方发展援助总量呈下降趋势。然而,这一时期,西方援助国以及国际援助机构的对华援助呈现高水平、快速增长趋势。1991—1994年对华援助额虽呈现震荡趋势,却保持在每年36亿美元以上的高水平;1994—1996年对华援助规模持续增长,从1994年的37.62亿美元增长到1996年的68.78亿美元,3年内增长了82.83%。

这一时期对华援助的增加与中国经济的迅猛发展是同步的。自1991年始,中国经济出现回升,GDP增长率从1990年3.9%的波谷上升到1992—1996年每年10%以上的增长速度,高速的经济增长带来巨大的潜在市场。同时,1992年邓小平南巡讲话后,中国加快了改革开放的步伐,西方援助国也加快了进入中国市场的步伐。因此,西方国家利用援助为本国跨国公司在中国市场谋利益的动机越加强烈。如这一时期德国对华援助中的贷款项目主要投入能源和通讯等经济基础设施部门,赠款项目集中在教育、商业服务和金融服务部门,这些援助的投入为跨国公司进入中国市场创造了更好的环境。为此,西方国家对华援助规模不断增加。德国对华援助由1990年的0.83亿美元增加到1996年的历史最高值6.27亿美元;日本对华援助在这一时期增长了15倍,也于1996年达到最大值31.98亿美元。世界银行这一时期也不断加大对中国的贷款力度,1995年和1996年中国成为世界银行最大的借款国,借款总量在世界银行贷款总量中的份额超过了13%。❶ 另一方面,冷战结束后,一些援助国对华援助领域从经济领域扩展到社会领域,如20世纪90年代欧共体对华援助的主要领域扩大到了能源、人力资源合作、环保、扶贫、农村综合发展和基础卫生等领域。援助领域的扩展也提高了对华援助规模。

---

❶ 章晟曼:《先站住,再站高》,文汇出版社2006年版,第57页。

（三）对华发展援助回落阶段（1996—2003 年）

这一时期是冷战后国际发展援助"疲软"在中国的映射。除 1998 年外,这一时期对华援助持续下降。由 1996 年对华发展援助最高规模的 69 亿美元下降到 2002 年的 23 亿美元,相当于 20 世纪 80 年代末期的水平❶。

这一时期对华援助规模的缩减很大一部分源于对华贷款援助的减少。1992 年后,外国直接投资大量进入中国市场,很大程度上弥补了中国资金缺乏问题,援助中优惠贷款随之逐渐降低。与此同时,鉴于中国经济连续多年的突出表现,援助方逐渐减少对华贷款。作为中国最大的贷款援助机构,世界银行从 1996 年开始有意识地减少了对华贷款的额度,并于 2000 年停止了国际开发协会（IDA）的对华软贷款❷。作为中国最大贷款援助国家,日本从 1996 年开始减少对华日元贷款,从 2000 年起加大削减力度,日元贷款的资金额度每年削减 20% 以上。

这一时期,一方面全球化带来的地区性和全球性的一些社会领域问题逐渐严重,如贫困人口增加、环境恶化等,另一方面 2000 年联合国"千年发展目标"❸对国际发展援助起到了引导作用,出于援助国和受援国双方的需求,对华发展援助的重点领域发生了变化,社会公共基础设施（服务）和多部门领域成为重点,特别转向医疗卫生、基础教育、环境保护、减贫、能力建设、性别平等。

（四）对华发展援助调整阶段（2003 年至今）

这一时期对华援助经历了 2003 年到 2005 年的上升和 2005 年之后的快速下降（除 2009 年外）。2003 年对华援助 27 亿美元,到 2005 年增加到 34 亿美元,之后持续下降,到 2011 年对华援助仅为 11 亿美元,与 20 世纪 80 年代初期持平。

2003 年到 2005 年对华援助额的短暂上升源于国际发展援助的回暖。全球市场的形成推动了生产要素在全世界范围内的流动,也带来了诸如移民流动、跨

---

❶ 参见王翚、甘小军:《国际对华发展援助的变化趋势及原因分析》,《特区经济》2014 年第 2 期,第 160 页。

❷ 国际金融机构的贷款可分为硬贷款和软贷款,不同的金融机构对这两种贷款的规定各有不同。世界银行的"硬贷款"是国际复兴开发银行向发展中国家提供的低于市场利率的有息贷款,年利率大约 7% 左右,并且随国际资本市场利率每半年变动一次,还款期 15 至 20 年,宽限期 5 年;"软贷款"是国际开发协会向最贫困的发展中国家提供的免息信贷,每年只收取 0.75% 的手续费,还款期为 35 年至 40 年,宽限期 10 年。

❸ 2000 年 9 月联合国 189 个国家签署《联合国千年宣言》,承诺在 1990 年基础上到 2015 年将全球贫困水平降低一半,旨在解决贫困、饥饿、疾病、文盲、环境恶化和性别歧视。

国犯罪、恐怖主义、非法毒品贸易、疫病的传播和环境保护等的"非传统安全问题",这些问题影响到了西方援助国的经济发展以及社会内部的安全和稳定,成为当时推动西方援助国继续提供援助的主要动力。同时,确保环境的可持续能力是联合国"千年发展目标"的重要内容。以环境保护为内容的援助得以增长,并推动对华总援助规模的上升。对华环境援助由 2003 年的 4.47 亿美元增加到 2005 年的 12.59 亿美元,占总援助的比例由 16.28% 上升到 36.91%。这一时期对华援助的重点围绕"千年发展目标"的相关主题展开,援助领域逐渐向政策层面转移。

2005 年之后对华援助规模的快速下降与中国在国际上政治、经济地位的提高息息相关。按照 OECD 的标准,2003 年中国已进入中等收入发展中国家,随后"中国毕业"的呼声不断。虽然这一时期援助方未完全停止对中国的援助,但中国在受援国中的重要性逐渐下降,尤其是对双边援助而言。这一时期援助国重新调整对华援助战略,减少了对华援助规模。如 2006 年后,英国、澳大利亚、加拿大等国纷纷降低对中国发展援助的预算。中国最大的双边援助国日本于 2008 年停止了对中国的日元贷款。

二、对华发展援助的来源

自 1979 年以来,中国接受了来自联合国系统(UNDP、UNICEF、UNFPA、UN-AIDS、IFAD)❶、世界银行集团(IBRD、IDA、IFC、Carbon Finance Unit、Managed Trust Funds)❷、亚洲开发银行、全球基金(GEF、GFATM)❸、区域金融机构(ISDB、NDF、OFID)❹、国际货币基金组织、世界贸易组织共 17 个多边组织的援助,其中世界银行集团是提供援助规模最大的多边援助机构,1980—2011 年该机构对华援助额占多边对华援助额的 70.81%。列于其后的为亚洲开发银行,1980—2011 年该机构对华援助额占多边对华援助额的 24.7%。

---

❶ UNDP、UNICEF、UNFPA、UNAIDS、IFAD 分别是联合国开发计划署、联合国儿童基金会、联合国人口活动基金会、联合国艾滋病规划署、国际农业发展基金。

❷ IBRD、IDA、IFC、Carbon Finance Unit、Managed Trust Funds 分别为国际复兴开发银行、国际开发协会、国际金融公司、碳金融部门、管理信托基金。

❸ GEF、GFATM 分别为全球环境基金、抗艾滋病,结核和疟疾全球基金。

❹ ISDB、NDF、OFID 分别是伊斯兰开发银行、北欧发展基金、欧佩克国际开发基金。

自 1979 年以来,向中国投入发展援助的双边援助方包括 OECD-DAC❶ 成员、科威特、沙特阿拉伯、泰国和列支敦士登公国共 28 个援助方。双边援助中,日本和德国是对华发展援助规模最大的两个援助国,1980—2011 年两国对华发展援助额分别占双边对华发展援助额的 56.31% 和 15.8%。

下面以世界银行、日本和德国为代表,分析主要援助方对华发展援助的脉络及特点。

(一)世界银行

世界银行集团是援助时间最长、援助规模最大的对华援助机构。1981 年世界银行向中国投入 2 亿美元(当年价格)用于发展自然科学高等教育和研究,揭开了世界银行集团对华援助的历史。截至 2011 年,世界银行累计向中国提供援助 327.58 亿美元,共资助 512 个项目。援助项目涉及包括文体和旅游在内的国民经济各个部门,其中以交通、农村发展、能源、城市发展与环境为主要的援助部门。国际复兴开发银行、国际开发协会和国际金融公司是世界银行集团的主要对华援助机构。国际复兴开发银行从 1981 年开始持续向中国提供援助,截至 2011 年累计对华贷款(硬贷款)236.91 亿美元,是世界银行对华援助的重要组成部分。国际开发协会是世界银行的无息贷款(软贷款)和赠款窗口,1981—1999 年国际开发协会累计对华援助 72.34 亿美元。此外,国际金融公司 1985—2002 年期间向中国提供 12.80 亿美元援助,用于改善中国的投资环境。1999—2010 年世界银行负责管理的信托基金向中国提供援助 762.70 万美元,主要用于一些社会基础设施项目。2005 年碳金融部门开始向中国提供资金,截至 2011 年,累计提供援助 5.23 亿美元,资助新能源、林业、能源管理等低碳项目。

从世界银行对华援助额的年度走势来看,世界银行对华援助经历了 20 世纪 80 年代的平稳上升阶段、20 世纪 90 年代前半期的急剧上升阶段、20 世纪 90 年代后半期的下降阶段以及 21 世纪的调整阶段。

---

❶ OECD 发展委员会(DAC)的前身是发展援助集团(Development Assistance Group,简称 DAG)成立于 1960 年 1 月 13 日,是 OECD 下属的负责协调发达国家对发展中国家援助的机构。目前已拥有 29 个成员,包括:澳大利亚、奥地利、比利时、加拿大、丹麦、芬兰、法国、希腊、爱尔兰、意大利、日本、韩国、卢森堡、荷兰、新西兰、挪威、葡萄牙、西班牙、瑞典、英国、美国、德国、瑞士、冰岛、波兰、捷克、斯洛文尼亚、斯洛伐克和欧盟。

改革开放初期,在中国国内私人资本受到限制的环境下,世界银行贷款成为当时中国获得外来资金的一个重要渠道;世界银行也很乐意支持中国这一拥有巨大市场规模的国家进行市场经济改革。在双方需求的推动下,世界银行对华援助金额持续上升,由1981年的2.12亿美元上升到1988年的13.32亿美元。这一时期,世界银行以推动中国市场经济建设为目标,与生产直接相关的基础设施建设为主要援助领域,而且为中国提供政策咨询、培养人才。

冷战结束后,西方援助国的关注点从政治转向经济,世界银行继续支持中国深化市场经济体制改革。1991—1996年,世界银行对华援助额快速上升,由1990年的7.71亿美元上升到1996年的20.02亿美元,如图2-2所示,这一时期也成了世界银行对华援助的最高峰期。

图2-2　1981年至2011年世界银行对华发展援助金额走势图

资料来源:PLAID 数据库,http://www.aiddata.org。

注:世界银行于1981年给予中国第一笔援款。为平缓数据的剧烈波动更便于观察援助金额的变化趋势,对数据进行三年移动平均处理,1981年和2011年数据由此损失。

随着西方援助国直接投资大规模进入中国,中国持续的经济增长成就减弱了世界银行对中国贷款的动力。1996年开始,世界银行有意识地减少了对华贷款的额度,并于2000年停止了国际开发协会对中国的软贷款。20世纪90年代后半期,世界银行对华援助额表现出下降趋势,到2001年,世界银行对华援助仅为4.28亿美元,相当于1983年的水平。这一时期,世界银行对华援助战略进行了调整,加大对农业、社会部门以及内陆地区的贷款支持,也开始注重减贫和环保战略与其他战略相结合的方式实施项目。

进入 21 世纪,世界银行对外援助以实现"千年发展目标"为主要内容,援助重点区域转向最不发达国家,世界银行对华援助进入低水平稳定阶段。除 2005 年和 2009 年外,2001 年以来世界银行每年对华援助金额均低于 8 亿美元。这一时期世界银行对华援助主要用于帮助"中国融入世界经济""应对资源稀缺和环境挑战""改善公共部门和市场制度",援助领域逐渐向制度层面转移。

(二)日本

日本是对华援助时间最早、援助规模最大的援助国。1979 年 12 月,中日双方签署了第一批日元贷款的贷款协议,中国从此开始接受日本官方援助。日本对华官方发展援助主要包括日元贷款、无偿资金援助、利民工程和技术合作这四种形式,后三者为无偿援助,以日元贷款为主。1980—2011 年,日本累计向中国提供援助 226.45 亿美元,其中日元贷款 205.74 亿美元,占日本对华总援助的 90.85%,贷款主要投向交通、能源、环保和城市基础设施等领域。

从援助规模的走势看,日本对华官方发展援助大致可以分为 20 世纪 80 年代、20 世纪 90 年代和 2000 年至今三个时期,其变化趋势基本由日元贷款决定。

20 世纪 80 年代,日本政府完成了第一批(1979—1983 年)和第二批(1984—1990 年)日元贷款项目,日本对华援助呈现稳中有升的态势。这一时期中国向日方提出的贷款申请与六五计划和七五计划发展战略一致,项目主要以交通、能源等基础设施为主,为东部沿海的发展服务。此外,第二批日元贷款也承担了一些城市供水、供气和排污设施等社会民生类的建设项目。

20 世纪 90 年代,随着第三批(1990—1995 年)和第四批(1996—2000 年)日元贷款的投入,日本对华援助规模扩大。在第三批日元贷款确定时,冷战刚结束,为获取更多的在华经济利益,日本加强与中国建立全面经济关系,对华日元贷款规模不断增加,由 1990 年的 2.02 亿美元上升到 1996 年的 31.98 亿美元。20 世纪 90 年代中期,第四批日元贷款决定方式由"五年一决定"改为"3+2"式。第四批日元贷款后期确定时,日本正面临着国内经济持续低迷与亚洲金融危机,相应地缩减了对华日元贷款规模。日本对华援助由 1996 年的 31.98 亿美元下降到 1998 年的 10.72 亿美元,1999 年进一步降到 4.74 亿美元,如图 2-3 所示。

这一时期日本对华贷款项目与八五计划和九五计划相符,日元贷款逐渐向环保、农业开发等领域扩大,同时援助区域也逐渐向内陆各省份倾斜。尤其是第四批日元贷款,这一趋势更加明显。第四批日元贷款投入 70 个项目,其中环保 34 项、中西部地区项目 50 项。

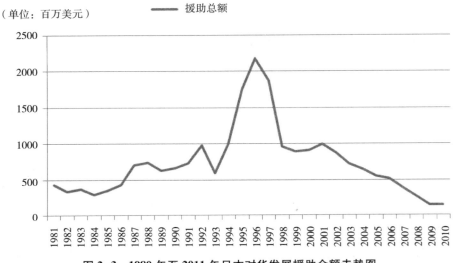

（单位：百万美元）

图 2-3　1980 年至 2011 年日本对华发展援助金额走势图

资料来源:PLAID 数据库,http://www.aiddata.org。

注:为平缓数据的剧烈波动更便于观察援助金额的变化趋势,对数据进行三年移动平均处理,1980 年和 2011 年数据由此损失。

自 2000 年以来,日本对华日元贷款的决定方式改为年度制。日本在面临国内财政赤字不断攀升的情况下,不断缩减对外援助预算❶;同时日本国内以中国 GDP 高涨、军费支出增加、援助第三国等为由批评对华 ODA❷,对华援助规模为此相应逐年大幅下降,由 2000 年的 11.21 亿美元下降到 2007 年的 5.58 亿美元。2008 年日本结束了对华日元贷款,日本对华官方发展援助下降到历史最低水平。目前,日本对华援助主要实施以改善生活环境、进行人才培养为主要目标

❶　日本全部对外贷款总额从 1999 年的 10335 亿日元下降至 2005 年的 5666 亿日元。转引自关山健:《日本对华日元贷款研究——终结的内幕》,吉林大学出版社 2011 年版,第 59 页。

❷　关山健认为日本国内的这些批评增加了日本政府实施对华日元贷款的时间与精力及其政治风险,对华日元贷款的政治费用上升,而同时日元贷款所取得的边际效果下降。参见关山健:《日本对华日元贷款研究——终结的内幕》,吉林大学出版社 2011 年版,第 65 页。

的无偿资金援助项目以及技术合作项目,规模仅维持在 1.3 亿美元的低水平,对华援助的区域重点在内陆地区,特别是西部地区。

(三)德国

德国是欧盟成员国中对华援助最多的国家,也是对华援助规模第二的双边援助国。1981 年德国向中国投入一笔 2.21 万美元的人道主义紧急援助以及两笔共计 15.67 亿美元的交通仓储领域的贷款,由此开始了德国对华援助的历史。1982 年 10 月 13 日,中德两国政府签署了《中华人民共和国政府和德意志联邦共和国政府技术合作总协定》,正式启动了两国技术合作,次年德国向中国提供了第一笔技术合作赠款。截至 2011 年,德国累计向中国提供发展援助 63.52 亿美元,其中贷款 44.83 亿美元,占德国对华援助总额的 70.58%,赠款 17.93 亿美元,占 28.23%。

从援助规模的变化来看,20 世纪 80 年代德国对华援助呈现振荡趋势,体现在这一时期德国对华援助年度规模变化大,1982 年和 1985 年德国没有向中国提供援助,援助额最少的 1984 年德国对华援助 0.13 亿美元,最多的 1983 年达1.75 亿美元。这一时期,德国向中国贷款用于建设能源、交通等基础设施以及服务于资源出口的开采行业。德国援华技术合作项目以人力资源开发、生产标准和专利为主,用以服务于德国在华的经济活动。

冷战结束后,德国对华援助与国际对华援助呈现相同的变化趋势,20 世纪90 年代前半期援助规模快速增加,后半期随着对华投资的快速增长,援助规模快速下降,如图 2-4 所示。同时,20 世纪 90 年代后半期德国对华援助领域开始转向城市环境治理、新能源、工业低碳化以及人口、健康、政府与公民社会等社会基础设施部门。

自 2000 年以来,全球化带来的"非传统安全问题"严重影响到西方援助国的经济发展和社会内部的稳定,要解决这些问题需要中国的合作。因此,这一时期德国对华援助的主要目标是推动中国融入现存国际秩序,表现为支持中国内部整体改革进程以及在一些具有国际影响的领域与中国合作,援助领域涉及经济与社会改革、人力资源的开发、环保、能源、人权、法制化建设、政府职能提升、高等教育、消除贫困以及支持中国融入国际体系等。伴随着援助领域的扩展,援助规模不断增加,德国对华商业与金融服务部门援助仅 2001 年、2002 年两年就达 1.71 亿美元,2010 年和 2011 年两年对华高等教育援助 0.39 亿美元,2007—

（单位：百万美元）　　　　━━━ 援助总额

图 2-4　1980 年至 2011 年德国对华发展援助金额走势图

资料来源：PLAID 数据库，http://www.aiddata.org。
注：德国于 1981 年给予中国的第一笔援款。为平缓数据的剧烈波动更便于观察援助金额的变化趋势，对数据进行三年移动平均处理，1981 年和 2011 年数据由此损失。

2011 年政府与公民社会部门援助 0.54 亿美元。最突出的是环保领域的增长极大地带动了德国对华援助规模的增加。德国对华环境援助由 2000 年的 0.60 亿美元增加到 2006 年的 4.01 亿美元，2011 年进一步增加到 91.28 亿美元，占对华发展援助的比例由 2000 年的 0.93% 上升到 2006 年的 1.39%，2011 年达到 33.53%。

第二节　对华环境援助的现状与特点

一、环境援助的具体范围界定

环境援助作为官方发展援助的援助领域之一，主要通过发达国家和国际组织向发展中国家提供无偿或优惠的有偿货物或资金、技术以及经验用于环境治理、能力建设等。

目前对环境援助的范围界定还未形成统一的认识。OECD 将环境援助分成三类：环境部门的专项援助（Environment as a Sector）、以环境为主要目标的援助（Principal Objective）和以环境为次要目标的援助（Significant Objective）。从

OECD 对环境援助类别的囊括中推断出 OECD 对环境援助的界定为,援助项目中只要有用于改善环境的投入部分,这些援助即为环境援助。世界银行从援款额比例上对环境援助进行了界定,环境援助为用于改善环境的援款占项目总款比例达 50% 以上的项目。Hick et al(2008)将环境援助的范畴以罗列方式进行界定,他们按援助项目对环境的影响状况将国际援助项目分为五类:显性环境友好项目(Environmental Strictly Define Projects)、隐性环境友好项目(Environmental Broadly Define Projects)、中性项目(Neutral Projects)、轻污染项目(Dirty Broadly Define Projects)、重污染项目(Dirty Strictly Define Projects),前两类项目合为环境援助项目❶。

本书借鉴以上界定,首先根据 Hick et al(2008)对环境援助项目的罗列范围界定环境援助,视为窄口径,用环境援助 N 代表;其次在此基础上增加其他援助项目中以环境改善为目标且用于改善环境的援款占项目总款比例达 50% 以上的项目,视为宽口径环境援助,用环境援助 W 代表。根据以上标准选取 PLAID 数据库援助部门为一般环境保护、供水及卫生系统、能源生产及供应、交通运输、农业、林业、渔业、工业、矿产、建筑、旅游中分类 79 类活动的项目,共 2932 项(窄口径)和 3035 项(宽口径)环境援助项目。

二、对华环境援助的总体情况及阶段特征

中国是一个国际环境援助的受援大国,1982 年至 2011 年累计接受国际环境援助 W 达 195 亿美元,占国际对华发展援助总额的 23%;累计接受国际环境援助 N 达 141 亿美元,占国际对华发展援助总额的 16%。这一比例远远高于环境援助大国日本 1980—1999 年对外环境援助占对外发展援助的比例 8.6%,也高于 1998—2007 年全球环境援助占全球发展援助的比例 15%。

表 2-2 和图 2-5 显示了对华环境援助总体呈现先增后减再高位振荡的趋势,可将整个变化过程划分为四个阶段:第一阶段(1982—1990 年),环境援助起始阶段;第二阶段(1990—1996 年),环境援助发展阶段;第三阶段(1996—2003 年)环境援助回落阶段,第四阶段(2003 年至今)环境援助调整阶段,与对华发展援助的阶段划分一脉相承。

---

❶ 参见佘群芝:《国际援助的环境效应研究述评》,《江汉论坛》2013 年第 3 期,第 54 页。

表 2-2　1982 年至 2011 年对华环境援助金额

（单位：百万美元）

年　份	环境援助 N	环境援助 W	年　份	环境援助 N	环境援助 W
1982 年	—	25.30	1997 年	725.23	1314.45
1983 年	77.84	77.84	1998 年	466.79	851.64
1984 年	1.25	136.29	1999 年	652.24	1001.22
1985 年	71.77	141.12	2000 年	1387.46	1404.50
1986 年	7.65	63.97	2001 年	521.65	535.80
1987 年	126.55	390.35	2002 年	528.77	662.36
1988 年	210.35	224.78	2003 年	447.49	575.99
1989 年	155.44	172.19	2004 年	494.85	541.33
1990 年	312.87	312.87	2005 年	1259.15	1426.83
1991 年	186.96	888.91	2006 年	780.03	834.33
1992 年	293.06	482.46	2007 年	767.81	767.81
1993 年	646.10	980.24	2008 年	364.61	411.82
1994 年	774.73	1394.35	2009 年	699.94	771.90
1995 年	410.95	772.50	2010 年	438.77	550.00
1996 年	952.33	1376.90	2011 年	378.38	380.37

资料来源：PLAID 数据库，http://www.aiddata.org。

注：表中援助金额数据均以 1982 年为基期根据消费价格指数进行缩减。

（单位：百万美元）

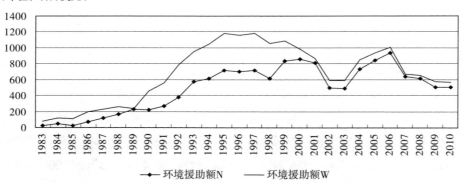

图 2-5　1982 年至 2011 年对华环境援助金额变化图

资料来源：PLAID 数据库，http://www.aiddata.org。

注：为平缓数据的剧烈波动更便于观察援助金额的变化趋势，对数据进行三年移动平均处理，1982 年和 2011 年数据由此损失。

（一）对华环境援助起始阶段（1982—1990 年）

作为对华援助的起始阶段，这一时期对华环境援助与对华发展援助的走势相同，呈缓慢增长趋势。排除 1989 年、1990 年受国内政治事件影响的两年，环境援助 N 从 1983 年的 0.78 亿美元增加到 1988 年的 2.10 亿美元，环境援助 W 从 1982 年的 0.25 亿美元增加到 2.25 亿美元。对华环境援助占对华发展援助的比例在这一时期较低且变化不大，1983—1988 年对发展环境援助 N 占对华发展援助比例平均 3.96% 左右，1983—1988 年环境援助 W 占总援助比例平均为 7.97%，如表 2-3 和图 2-6 所示。这一时期对华环境助保持增长的主要原因在于这一时期对华发展援助也处于上升阶段。

表 2-3 1982 年至 2011 年对华环境援助额占对华发展援助额的比重

（单位:%）

年　份	N 比重	W 比重	年　份	N 比重	W 比重
1982 年	—	2.51	1997 年	19.81	35.91
1983 年	7.37	7.37	1998 年	12.24	22.33
1984 年	0.10	11.06	1999 年	19.80	30.39
1985 年	4.80	9.44	2000 年	47.70	48.29
1986 年	0.31	2.58	2001 年	20.30	20.85
1987 年	5.39	16.62	2002 年	23.32	29.21
1988 年	5.79	6.18	2003 年	16.29	20.95
1989 年	6.47	7.17	2004 年	18.94	20.72
1990 年	23.22	23.22	2005 年	36.91	41.83
1991 年	4.65	22.11	2006 年	26.05	27.87
1992 年	7.95	13.10	2007 年	25.74	25.74
1993 年	15.69	23.80	2008 年	18.49	20.89
1994 年	20.60	37.07	2009 年	27.39	30.20
1995 年	8.20	15.42	2010 年	23.42	29.35
1996 年	13.85	20.02	2011 年	33.45	33.62

资料来源:PLAID 数据库,http://www.aiddata.org。

（单位：%）

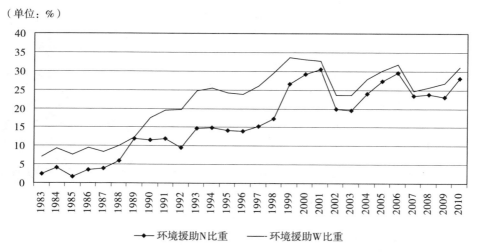

图 2-6   1982 年至 2011 年对华环境援助额占对华发展援助额的比重

资料来源：PLAID 数据库，http://www.aiddata.org。

注：为平缓数据的剧烈波动更便于观察援助金额的变化趋势，对数据进行三年移动平均处理，1982 年和 2011 年数据由此损失。

　　这一时期对华环境援助规模的低水平受对华环境援助占对华发展援助比例较低的影响。对华环境援助占发展援助比例较低，在于这一时期中国国民经济和社会发展的重点不在环境保护。改革开放初期，中国经济基础薄弱，发展国民经济和社会生产需要大量的资金、技术、管理经验。而这一时期外商直接投资少，中国出口创汇的能力又十分有限，因此外援成了中国获取外资的重要渠道。在能够争取的有限援助中，资金主要集中在加强经济基础设施建设方面。

　　从几个主要对华援助方来看，顺应中国经济发展的实际需要，其援助战略和援助领域中，也没有凸显环境保护的重要性。联合国根据中国当时经济落后的状况，援助主要以人道主义为主，扶贫、支持工农业等生产部门的发展为主要援助领域，这一时期并未向中国提供环境援助。世界银行作为一个市场经济国家发起成立的机构，它提供给中国的最初援助主要目标是帮助中国建立市场经济体制，使中国尽快融入国际市场经济体系；20 世纪 80 年代世界银行在中国的重点援助领域是交通、能源等基础设施以及培训了解市场经济规则的人才，以环保为内容的援助仅占世界银行对华援助的 4.32%❶。日本对中国的援助主要受中

---

❶　数据以窄口径环境援助项目计算而得。

国潜在的巨大市场和丰富自然资源的驱动,日本最初提供给中国的援助也主要集中交通、能源等基础设施领域,这样日本既可以将中国的能源运回日本国内,也可以方便日本企业的产品在中国销售;这一时期日本对华环境援助只占该国对华发展援助的 5.52%。欧共体在这一时期对华援助主要是支持中国的农业发展,仅向中国提供了一个环境援助项目。这一时期的环境援助项目很少,集中投入在几个东部沿海城市,用于供水及污水处理。

(二)对华环境援助发展阶段(1990—1996 年)

这一时期对华环境援助呈现快速增长的趋势。环境援助额 N 从 1991 年的 1.87 亿美元增加到 1996 年的 9.52 亿美元,增长了 4 倍;环境援助额 W 从 1990 年的 3.13 亿美元增加到 1996 年的 13.77 亿美元,增长了 3.4 倍,这一增长速度远高于同一时期对华发展援助额。因而,对华环境援助额占对华发展援助额的比例较 20 世纪 80 年代有大幅提高,如表 2-3 和图 2-6 所示,环境援助 N 占对华发展援助比例平均达 12.40%,环境援助 W 占对华发展援助比例平均为 20.27%。

这一时期对华环境援助的增加以及环境援助占比的上升与国际社会对全球环境问题的逐渐重视息息相关。20 世纪全球化的飞速发展,促进了资本、技术、资源、信息、劳动力等生产资源在全球范围内流动,增进了人类福利,同时也带来了生态的破坏和环境的污染,主要表现为自由贸易拓展了人类攫取资源的范围,加剧了全球资源消耗,加深了全球范围内环境和生态危害的程度,地球变暖、臭氧层破坏、物种急剧减少、水污染严重等环境问题使人类面临着生存威胁。这迫切要求世界各国协同努力,一起应对环境挑战,加强对环境问题的全球治理。联合国 1992 年在巴西召开的环境与发展大会,达成了关于环境与发展领域合作的全球共识,日本、欧共体及美国对环境保护援助做出了承诺,承诺 5 年内提供的环境保护援助额分别为 9000 亿—10000 亿日元(时价约 80 亿美元)、40 亿美元及 10 亿美元❶。为此国际组织也将环境保护作为其援助重点,如世界银行 1994 年向发展中国家增加了环境保护项目贷款 4 亿美元,环境保护贷款增长 14%。此外,这一时期成立了全球环境基金和《蒙特利尔协定书》多边基金,国际组织、发达国家还通过这两个基金向发展中国家提供援助。全球环境基金为受援国提

---

❶ 黄森:《深入研究环境援助,加强环境国际合作》,《环境经济》2004 年第 12 期,第 43 页。

供关于气候变化、生物多样性、国际水域和臭氧层损耗四个领域项目的赠款或优惠资金支持,《蒙特利尔协定书》多边基金用于支持发展中国家执行保护地球臭氧层管制措施所需费用。在此背景下,国际组织、发达国家也开始重视对中国的环境援助,不断提高环境援助在发展援助中的比例。世界银行对华环境援助占其对华发展援助的比例由 20 世纪 80 年代的 4.32%增加到 15.02%❶;亚洲开发银行对华环境援助占其对华发展援助的比例由 0.83%提高到 18.76%;日本在这一时期对华环境援助占其对华发展援助比例由 20 世纪 80 年代的 5.52%增加到 7.70%;全球环境基金在这一时期向中国援助了 5 个项目,共计 0.49 亿美元,用于生物多样性保护和新能源开发。

得益于中国签署了《联合国气候变化框架公约》《生物多样性公约》,对华环境援助在这一时期增加了与气候变化相关的能源政策与管理、新能源项目以及生物多样性保护、生物圈保护项目。

(三)对华环境援助回落阶段(1996—2003 年)

这一时期受对华发展援助下滑的影响,对华环境援助呈现下降趋势。1996 年对华环境援助达到历史峰值后,开始逐渐下降,环境援助额 N 从 1996 年的 9.52 亿美元下降到 2003 年的 4.47 亿美元,环境援助 W 从 1996 年的 13.77 亿美元下降到 2003 年的 5.76 亿美元。从下降速度看对华环境援助明显低于对华发展援助,因而这一阶段对华环境援助占对华发展援助的比重进一步上升。环境援助额 N 占发展援助额的比例平均为 21.66%,比上一时期增加了 9%;环境援助 W 占发展援助额的比例平均达到了 28.49%,比上一时期增加了 8%,详见表 2-3、图 2-6。

在对华发展援助下降的背景下,这一时期对华环境援助占对华发展援助比例上升,主要在于援助方对华援助战略的调整。伴随着改革开放后中国快速的经济增长,中国逐渐显现出西方国家曾经遭遇的环境问题。20 世纪 90 年代中期,中国的环境呈现"局部改善、整体恶化"态势,已经影响到经济发展的可持续性。日本作为中国的近邻,与中国有着共同的环境利益。1995 年以后,日本对华援助大量增加了环保方面的内容,在第四批(1996—2000 年)日元贷款的 70 个项目中 34 个是与环保相关的项目。90 年代中期后,欧共体对华援助领域也

---

❶ 数据以窄口径环境援助项目计算而得。

发生了明显的改变,越来越倾向于共赢的项目,减少了对其受益较少的农业与基础建设援助,增加了环境保护、经济体制改革、司法合作援助等共赢项目,这主要是因为环保、新能源是欧共体的优势领域,对华环境援助可以促使中国采取欧洲的技术标准和规则,为未来欧洲企业在中国销售环保类产品提供便利。此外,这一时期世界银行开始将环境保护作为对华援助的重点领域。世界银行在1995年出台的第一个对中国的国别战略中,提出了四个主要问题,环境保护位列其中。1997年在第二个国别战略中,世界银行把环境保护、宏观经济增长和稳定、基础设施、人类发展和减少贫困作为对华援助的五大主题。

这一时期,国际社会对跨境污染给予了更多的关注,对华环境援助中与气候变化相关的能源政策与管理、新能源项目以及生物多样性保护、生物圈保护项目进一步增加,同时,依据中国国内环境治污的重点,援助方加大了对城市大气污染治理和江河污染综合治理项目的援助。

(四)对华环境援助调整阶段(2003年至今)

这一时期对华环境援助规模经历了2003—2005年的上升和2005年之后的下降,但环境援助占发展援助的比例仍保持较高水平,环境援助额 N 占发展援助额的比例平均为 25.19%,环境援助额 W 占发展援助额的比例平均达到27.91%,如表2-3、图2-6所示。这一时期对华环境援助的变化更多的可以由对华发展援助的变化解释。此外,2008年全球金融危机之后,西方援助国在大幅度削减对华发展援助的同时,给予的环境援助比重却在持续上升。

这一时期环境援助成为国际对华发展援助的重点,关键在于环境保护是能使西方援助国和中国达到共赢的重要领域。进入21世纪,环境对于中国的意义上升到"国家安全"的高度。2006年世界银行对华国别援助战略中,将中国面临的环境问题界定为"环境挑战"。一方面中国的经济发展已经面临着资源的瓶颈,另一方面环境的恶化每年给中国造成大量的经济损失。进入新世纪,中国政府不断提高环境保护在经济和社会发展中的战略地位。从中国国民经济和社会发展第十个五年计划开始,将具体的生态、环境目标列入国民经济和社会发展五年计划中。随后,在第十一个五年计划中,生态、环境、能耗指标成为约束性目标。中国经济、社会发展需要发达国家提供资金和技术支持。对于援助国来说,向中国提供援助用于生态与环境保护,他们将从援助中获得环境利益,尤其是大气污染治理、生物多样性保护、新能源供应等与全球性环境问题相关的领域。与此同时,发达国家走过的"先发展,后治理"路子使他们获得了宝贵的经验、先进的技术和理念,中国为他们提供了一个大规模的环保产品市场。因此,在有限的援助资源条件下,西方援助国对华援助倾向于环境保护领域。在节能环保和新能源技术方面具有优势的德国和日本表现尤其明显。2003—2007年,日本对华发展援助下降了27%,但对华环境援助却保持了该国对华发展援助43.49%的高比例。2003年德国对华环境援助仅338万美元,2011年达到9127万美元,增长了26倍,2007—2011年德国对华环境援助占其对华发展援助的比例达到20.44%。

这一时期,对华环境援助有三个方面的转变:一是生物多样性保护项目增加速度较快;二是环境、能源项目逐渐向机构能力建设和研究等"软"援助转变;三是对华环境援助中林业项目有所增加。❶

三、对华环境援助的种类

本书采用的 PLAID 数据库将 ODA 项目按资金的流动形式分为赠款和贷款两类。1982—2011年,中国接受的国际环境贷款项目 N 共计 359 个,赠款项目 N 共计 2515 个;环境贷款项目 W 累计 419 个,赠款项目 W 累计 2551 个,从数量来看,赠款项目远多于贷款项目,如图 2-7 所示。

环境贷款项目一般用于与环境保护相关的硬件投入,如建设污水处理厂、增加化工厂尾气处理装备;赠款有些是作为贷款项目进行前期调研投入,但更多的是用于技术合作(包括培训、咨询)。对华环境援助贷款与赠款项目数量的构成比例说明对华援助方十分重视与中国在环境技术、环境标准、环境研究以及人员培训等软件方面的交流与合作。在多边援助机构中,全球环境基金、联合国开发计划署、联合国儿童基金会提供的环境援助均以赠款形式;在双边援助国中,除了日本、德国、法国、加拿大、意大利、西班牙、奥地利提供环境贷款外,其他 OECD-DAC 成员国的对华环境援助均是赠款。

尽管对华环境赠款在项目数量上占据优势,但从金额来看,贷款项目总金额远远高于赠款项目。1982—2011年,中国接受的国际环境贷款项目 N 累计

---

❶ 2005年生效的《京都议定书》对碳排放量采用了净值计算方法,扣除森林吸收的碳含量,发达国家可以通过援助发展中国家林业项目从而完成他们在《京都议定书》下的减碳任务,所以对华环境援助增加了林业项目。

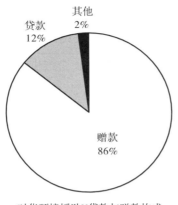

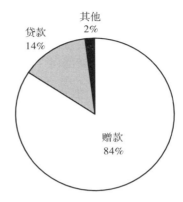

对华环境援助N贷款与赠款构成　　　　　对华环境援助W贷款与赠款构成

图 2-7　1982 年至 2011 年对华环境援助贷款与赠款构成(项目数)

资料来源:PLAID 数据库,http://www.aiddata.org。

注:这里设定"其他项",是因为部分项目关于援款流动形式不明。

118. 11 亿美元,赠款项目 N 总金额 13. 87 亿美元,不及贷款项目 N 总金额的 1/8;环境贷款项目 W 为 168. 70 亿美元,赠款项目 W 为 13. 94 亿美元,不及贷款项目 W 总金额的 1/10,如图 2-8 所示。主要原因是贷款项目的平均规模远远大于赠款项目,且 4 个主要对华环境援助方(世界银行、亚洲开发银行、日本、德国)的贷款项目总金额均大于赠款项目总金额。

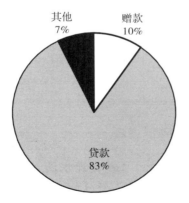

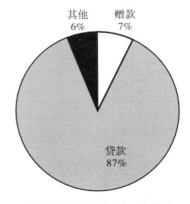

对华环境援助N贷款与赠款构成　　　　　对华环境援助W贷款与赠款构成

图 2-8　1982 年至 2011 年对华环境援助贷款与赠款构成(金额)

资料来源:PLAID 数据库,http://www.aiddata.org。

注:这里设定"其他项",是因为部分项目关于援款流动形式不明。

四、对华环境援助的部门分布

对华环境援助涉及生产部门中所有子部门、经济基础设施部门中的能源与交通部门、社会基础设施部门中的供水及环境卫生子部门、多部门中的一般环境保护、农村发展、城市发展子部门。

1982—2011 年对华环境援助投入最多的部门是供水及环境卫生和一般环境保护,如表 2-4 所示,这些是 OECD 称之为环境部门的专项援助(Environment as a Sector),也即环境援助的核心内容。每一个时期供水及环境卫生部门均是对华环境援助的重点。

表 2-4　1982 年至 2011 年对华环境援助部门分布

(单位:百万美元;%)

部　门	环境援助 N	占总 N 比例	环境援助 W	占总 W 比例
农　业	437.12	3.09	1924.53	9.87
林　业	671.36	4.75	892.89	4.58
工　业	809.23	5.72	809.23	4.15
建筑业	1.83	0.01	1.83	0.01
旅　游	17.62	0.12	66.09	0.34
贸　易	1.30	0.01	1.30	0.01
交　通	14.62	0.10	136.90	0.70
能源生产及供应	877.14	6.20	3280.36	16.83
供水及环境卫生	6342.63	44.85	6342.63	32.54
一般环境保护	3648.61	25.80	3648.61	18.72
其他多部门	144.60	1.02	1212.56	6.22
其　他	1174.96	8.31	1174.96	6.03

资料来源:PLAID 数据库,http://www.aiddata.org。
注:表中援助金额数据均以 1982 年为基期根据消费价格指数进行缩减。

20 世纪 80 年代中国东部沿海城市已经接受了不少洁净水供应及水污染治理项目。2001 年中国政府提出"所有城市都要建设污水处理设施,并推行垃圾无害化与危险废弃物集中处理",投入供水及环境卫生部门的国际援助项目大幅攀升。20 世纪 90 年代开始,大量国际对华援助投入一般环境保护部门。这一部门涵盖的内容很广,包括环境政策与管理、环境教育、环境研究、生物多样性保护、地点保护、水灾预防等。进入 21 世纪,投入一般环境保护部门的国际援助内容更多地转向环境政策与管理等环境机构能力建设、生物多样性保护和地点保护。

此外,1982—2011 年投入能源、工业、农业、林业部门的环境援助额分别超过了对华环境援助总额的3%以上,详见表 2-4。20 世纪 90 年代中期,中国政府在环境保护方面的策略开始从局部的环境污染治理转向全局的生态环境保护,林业作为生态环境的主体,吸收大量国际援助,尤其是中西部地区。九五计划提出"要积极推进经济增长方式的根本转变""节约能源、降低能耗"。从这一时期开始,工业节能、能源管理等内容的国际援助项目逐渐增多。20 世纪 90 年代末至 21 世纪初,国际社会对二氧化碳排放与全球气候变暖高度关注,以节能环保、新能源、低碳工业及碳汇林业为内容的环境援助成为新重点。

五、对华环境援助的地区分布

1982—2011 年,接受对华环境援助 N 和环境援助 W 同时位列前十位的省份是江苏、上海、北京、辽宁、广西、内蒙古、云南,如表 2-5 所示。从对华环境援助的发展阶段来看,这些省份在某一个阶段或某几个阶段成为环境援助的重点省份,总体上与中国经济区域发展战略以及环境保护规划是一致的。

表 2-5　1982 年至 2011 年对华环境援助地区分布

（单位:百万美元;%）

受援地区	接受 N	占历年总额比例	接受 W	占历年总额比例
安　徽	193.81	1.36	198.76	1.02
北　京	521.02	3.66	521.02	2.68
福　建	177.03	1.24	499.55	2.57
甘　肃	110.08	0.77	362.24	1.86
广　东	131.62	0.93	391.01	2.01
广　西	397.81	2.80	507.44	2.61
贵　州	182.42	1.28	209.41	1.08
海　南	22.02	0.15	22.02	0.11
河　北	243.90	1.72	402.80	2.07
河　南	250.50	1.76	1418.38	7.29
黑龙江	306.55	2.16	317.085	1.63
湖　北	380.20	2.67	382.40	1.96

受援地区	接受 N	占历年总额比例	接受 W	占历年总额比例
湖　南	445.37	3.13	445.37	2.29
吉　林	356.81	2.51	375.80	1.93
江　苏	1211.80	8.52	1211.80	6.22
江　西	117.06	0.82	214.34	1.10
辽　宁	578.21	4.07	578.21	2.97
内蒙古	414.27	2.91	654.77	3.36
宁　夏	71.16	0.50	90.20	0.46
青　海	50.84	0.36	50.84	0.26
山　东	285.95	2.01	333.67	1.71
山　西	336.41	2.37	415.88	2.14
陕　西	240.01	1.69	347.00	1.78
上　海	703.04	4.94	703.04	3.61
四　川	239.36	1.68	1023.20	5.26
天　津	190.62	1.34	190.62	0.98
西　藏	5.80	0.04	5.80	0.03
新　疆	181.82	1.28	359.24	1.85
云　南	547.75	3.85	682.79	3.51
浙　江	324.25	2.28	524.70	2.70
重　庆	347.87	2.45	348.01	1.79
多省份	1543.69	10.86	2552.58	13.11
其　他	3110.03	21.87	3128.87	16.07

资料来源:PLAID 数据库,http://www.aiddata.org。

注:1. 一些项目涉及多个省份,或者是全国范围,还有一些项目区域信息未知,因而设置多省份和其他项。

2. 表中援助金额数据均以 1982 年为基期根据消费价格指数进行缩减。

　　20 世纪 80 年代中期,中国政府开始重视环境保护,在七五计划中,第一次将环境保护作为国民经济与社会发展的重要目标。七五至八五期间,中国经济发展的重心在东部沿海地区,保护东部沿海城市的环境是这一时期中国环境保护的重点。根据中国实际环保需求,1995 年之前,对华环境援助主要投向上海、北京、大连、沈阳等城市,用于治理城市的水污染和固体废弃物污染。从九五开始,中国开始重点治理"三河、三湖、两区、一市、一海"❶的污染。江苏太湖、辽宁

----

❶ "三河、三湖、两区、一市、一海"是指淮河、海河、辽河、太湖、滇池、巢湖、酸雨控制区、二氧化硫控制区、北京市、渤海。

海河、云南滇池的综合污染治理项目吸纳了大量外援;内蒙古呼和浩特市、包头市,广西柳州市、辽宁本溪市、沈阳市、大连市成为日元贷款治理大气污染的重点城市。九五之后,中国政府相继出台了"西部大开发""振兴东北老工业基地""中部崛起"等区域发展战略,加大了对中西部地区生态保护的政策支持,拥有广袤草原面积的内蒙古、处于特殊喀什特地区的广西以及作为澜沧江、元江、南盘江流域发源地的云南这三个中西部欠发达省份也由此成为生态保护与减贫项目的重点援助区域。十一五计划第一次将单位 GDP 能耗作为约束性指标写入中国国民经济与社会发展的五年规划,并强调发展循环经济以及合理利用气候资源。东部沿海发达省份如上海、江苏、辽宁成为低碳工业的主要援助对象,内蒙古因其特殊的地理条件成为国际对华援助太阳能与风能项目的主要区位。此外,北京因为承办绿色奥运,国际援助机构向其提供了一系列的环境援助,如清洁能源巴士项目、建筑业节能项目、污水集中处理项目。

　　1982—2011 年接受对华环境援助 N 或对华环境援助 W 规模最多的是东部地区,其次是中部地区,西部地区接受的援助最少❶,如图 2-9 所示。

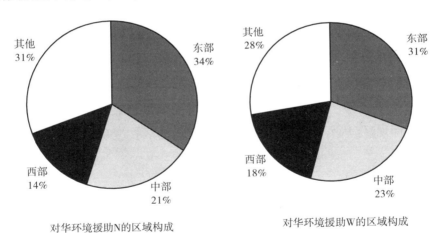

对华环境援助N的区域构成　　　　　对华环境援助W的区域构成

图 2-9　1982 年至 2011 年对华环境援助地区分布

资料来源:PLAID 数据库,http://www.aiddata.org。

注:其他这一项包括多省份项目、全国范围项目和信息未知项目。

---

❶　采用大陆区域经济划分的三大经济地带:东部地区包括北京、天津、河北、辽宁、上海、江苏、浙江、福建、山东、广东、广西、海南 12 个省、自治区、直辖市;中部地区包括山西、内蒙古、吉林、黑龙江、安徽、江西、河南、湖北、湖南 9 个省、自治区;西部地区包括四川、贵州、云南、西藏、陕西、甘肃、宁夏、青海、新疆和重庆 10 个省、自治区、直辖市。

20 世纪 80 年代,东部沿海城市开始接受大量国际环境援助项目,截至 1995 年,东部地区接受的国际环境援助 N 金额占东、中、西地区接受的环境援助 N 总金额的比重为 69.03%,接受的国际环境援助 W 金额占东、中、西地区接受的环境援助 W 总金额的为 51.51%。

九五计划提出要"加快中西部地区改革开放的步伐,引导外资更多地投向中西部地区。"此后,对华环境援助有意识地向中西部地区倾斜。中、西部地区累计接受的环境援助 N 的项目数分别由 1995 年之前的 17 项、15 项增加到 1995 年之后的 178 项、282 项;累计接受的环境援助 W 的项目数据由 1995 年之前的 19 项、23 项增加到 1995 年之后的 181 项、331 项。中、西部地区累计接受的环境援助 N 金额占东、中、西地区接受的环境援助 N 总金额的比例分别由 1995 年之前的 25.56%、5.32%上升到 1995 年之后的 30.68%、23.76%;累计接受的环境援助 W 金额占东、中、西地区接受的环境援助 W 总金额的比例由 1995 年之前的 18.65%、9.6%上升到 1995 年之后的 30%、31.07%。

然而 1995 年之后东部地区接受的环境援助项目仍然很多,环境援助 N 为 360 项,环境援助 W 为 369 项,且项目平均规模较大,环境援助 N 为 1038 万美元,环境援助 W 为 1079 万美元。相比较而言,中部地区接受的环境援助项目数相对小,其中环境援助 N 为 178 项,环境援助 W 为 181 项;西部地区接受的环境援助项目平均规模相对小,其中环境援助 N 为 693 万美元,环境援助 W 为 960 万美元。1995 年之后中西部累计接受的环境援助额仍略小于东部地区,因而,从整个时期来看,东部地区接受的国际环境援助规模最大。

六、对华环境援助的来源

自 1982 年以来,中国接受了来自联合国系统(UNDP、UNICEF、IFAD)、世界银行集团(IBRD、IDA、IFC、Carbon Finance Unit)、亚洲开发银行、全球环境基金、区域金融机构(NDF、OFID)共 11 个多边组织的援助,其中世界银行集团是提供援助规模最大的多边援助机构,1982—2011 年该机构对华环境援助额 N 占多边对华环境援助额 N 的 67.88%,对华环境援助额 W 占多边对华环境援助总额 W 的 75.68%。其次为亚洲开发银行,1982—2011 年其对华环境援助额 N 占多边对华环境援助额 N 的 27.20%,对华环境援助额 W 占多边对华环境援助额 W 的

20.03%。全球环境基金从 1991 年成立即开始向中国提供援助,截至 2011 年该机构对华环境援助额占多边对华环境援助额 N 的 4.58%,占多边对华环境援助额 W 的 2.90%,居第三位,如表 2-6 所示。

表 2-6　1982 年至 2011 年多边对华环境援助来源统计

(单位:百万美元;%)

援助机构名称	环境援助 N	占多边 N 比例	环境援助 W	占多边 W 比例
亚洲开发银行	2407.30	27.20	2814.66	20.03
全球环境基金	405.10	4.58	407.48	2.90
国际农业发展基金	15.56	0.18	180.55	1.28
联合国儿童基金会	3.58	0.04	3.58	0.03
联合国开发计划署	3.13	0.04	3.13	0.02
世界银行碳金融部门	475.23	5.37	482.37	3.43
国际复兴开发银行	4310.61	48.70	7621.91	54.24
国际开发协会	1220.63	13.80	2515.03	17.90
国际金融公司	2.34	0.03	15.96	0.11
北欧发展基金	3.45	0.04	3.45	0.02
欧佩克国际开发基金	4.72	0.05	4.72	0.03

资料来源:PLAID 数据库,http://www.aiddata.org。

注:表中援助金额数据均以 1982 年为基期根据消费价格指数进行缩减。

自 1984 年以来,向中国提供双边环境援助的援助国包括 OECD-DAC 成员、科威特、沙特阿拉伯、泰国、巴西共 28 个。日本和德国是对华环境援助规模最大的两个援助国,1984—2011 年两国对华环境援助额 N 分别占双边对华环境援助额 N 的 64.70% 和 10.96%,对华援环境助额 W 分别占双边对华环境援助额 W 的 64.20% 和 11.84%,详见表 2-7。

表 2-7 1982 年至 2011 年双边对华环境援助来源统计

（单位：百万美元；%）

援助国名称	环境援助 N	占双边 N 比例	环境援助 W	占双边 W 比例
澳大利亚	54.07	1.01	52.05	0.96
奥地利	55.26	1.03	55.26	1.02
比利时	3.45	0.06	3.45	0.06
加拿大	49.42	0.92	49.44	0.91
丹 麦	30.98	0.58	31.13	0.58
芬 兰	24.94	0.46	25.07	0.46
法 国	460.24	8.57	460.24	8.50
德 国	588.24	10.96	641.02	11.84
意大利	90.72	1.69	90.72	1.68
日 本	3472.57	64.70	3474.81	64.20
韩 国	0.38	0.01	0.40	0.01
荷 兰	69.41	1.29	69.67	1.29
挪 威	69.78	1.30	69.82	1.29
西班牙	42.58	0.79	42.58	0.79
瑞 典	28.13	0.52	28.60	0.53
瑞 士	19.16	0.36	19.26	0.36
英 国	82.33	1.53	82.49	1.52
美 国	24.53	0.46	24.57	0.45
欧 盟	82.50	1.54	97.44	1.80
沙特阿拉伯	10.63	0.20	0.00	0.00
科威特	39.31	0.73	56.51	1.04

资料来源：PLAID 数据库，http://www.aiddata.org。

注：表中援助金额数据均以 1982 年为基期根据消费价格指数进行缩减。

下面以世界银行、日本和德国为典型，分析主要援助方对华环境援助的脉络及特点。

（一）世界银行

世界银行集团是多边对华环境援助规模最大的援助方。1983—2011 年世界银行集团的国际复兴开发银行、国际开发协会、国际金融公司和碳金融部门向中国提供了大量环境援助。1983—2011 年国际复兴开发银行向中国提供环境优惠贷款项目 N66 个,共计 43. 11 亿美元。1983—1999 年国际开发协会向中国提供环境无息贷款项目 N19 个,累计 11. 49 亿美元。国际金融公司仅在 1989 年向中国提供了一个项目,用于购买太阳能设备。2005 年《京都议定书》生效后,碳金融部门开始向中国提供资金,截至 2011 年,累计提供援助 5. 23 亿美元,资助新能源、林业、能源管理等低碳项目。

　　从世界银行对华环境援助金额的年度走势来看,世界银行对华环境援助经历了 20 世纪 80 年代的低水平阶段、20 世纪 90 年代前半期的急剧上升阶段、20 世纪 90 年代前半期的下降阶段以及 2000 年以来的调整阶段,详见图 2-10。

（单位：百万美元）

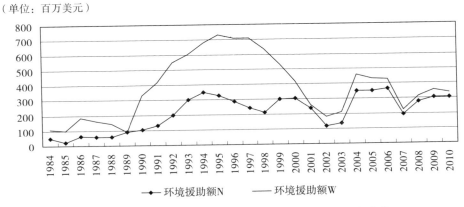

图 2-10　1983 年至 2011 年世界银行对华环境援助金额变化

资料来源:PLAID 数据库,http://www.aiddata.org。

注:世界银行于 1983 年给予中国第一笔环境援款。为平缓数据的剧烈波动更便于观察援助金额的变化趋势,对数据进行三年移动平均处理,1983 年和 2011 年数据由此损失。

　　20 世纪 80 年代,体制改革和宏观调控是世界银行对华援助战略的突出主题,这一时期世界银行为中国政府提供政策咨询、培训政府官员以及贷款支持发展工农业、改善交通基础设施,环境保护项目贷款很少,整个 80 年代只有 7 个。

　　20 世纪 90 年代前半期,世界银行对华援助战略已经开始关注一些体制改革和宏观调控之外的问题。1992 年联合国环境与发展大会达成了环境与发展领域全球合作的共识,世界银行开始将环境项目列为向中国贷款的重点。1992 年世界银行推出了与中国环境合作的《环境策略》,对环境援助项目作了多年规划,内容包括向中国提供提升资源效率和治理污染的项目贷款,为中国环保部门做培训以及提供环境技术援助。由此这一时期世界银行对华环境援助规模较

20世纪80年代有了大幅度增加,环境援助占总援助的比例也明显提升,环境援助N占总援助比例由20世纪80年代的平均值5.02%上升到20世纪90年代前半期的15.62%,环境援助W占总援助比例由20世纪80年代的平均值11.67%上升到20世纪90年代前半期的32.83%。世界银行在这一时期的主要援助领域是城市的水供应和水污染治理,支持中国进行水资源利用、污染治理的市场化改革。

20世纪90年代中期,世界银行开始制定援助中国的国别战略,以此作为对华援助的导向。在世界银行出台的1995年和1997年两个对中国的国别战略中,环境保护均是重点援助领域。这一时期即使受世界银行对华发展援助的影响,对华环境援助呈现下降趋势,但环境援助占发展援助的比例上升,对华环境援助N占发展援助比例平均为23.31%,环境援助W占发展援助比例为39.23%。这一时期,世界对华环境援助的重点仍以城市水污染治理以及水供应为主,且开始提供与气候变化相关的节能、新能源贷款项目。

自2000年以来,世界银行对华环境援助规模呈现振荡趋势,环境援助的年平均规模较20世纪90年代有所下降。然而在世界银行对华援助中,环境援助的战略地位越加凸显。这一时期世界银行对华环境援助占发展援助的比例进一步提高,对华环境援助N占发展援助比例平均为36.69%,环境援助W占发展援助比例为44.07%。世界银行在这一时期的援华国别战略给予环境保护更广泛的内容,不仅包括污染治理,还包括自然资源的有效管理,同时突出解决气候变化、保护全球环境的重要性。由此这一时期世界银行对华援助增加了许多能源管理和林业发展项目。尤其是2005年《京都议定书》生效后,世界银行通过碳金融部门援助中国多个项目用以减少碳排放。

(二)日本

日本仅次于世界银行,为对华环境援助规模第二的援助方,也是双边对华环境援助规模最大的援助国。1986年日本向中国提供了第一个环境无偿资金援助项目,用于向长春市净水场提供器材装备。日本对华环境援助包括日元贷款和无偿资金援助、利民工程和技术合作这三种无偿援助,以日元贷款为主,1986—2011年,日本累计向中国提供环境援助N34.73亿美元、环境援助W34.75亿美元,其中环境贷款32.96亿美元,占日本对华环境援助N的94.52%;占日本对华环境援助W的94.86%。

　　根据环境援助规模的走势,可将日本对华环境援助大致划分为 20 世纪 80 年代、20 世纪 90 年代和 2000 年至今三个时期,详见图 2-11。

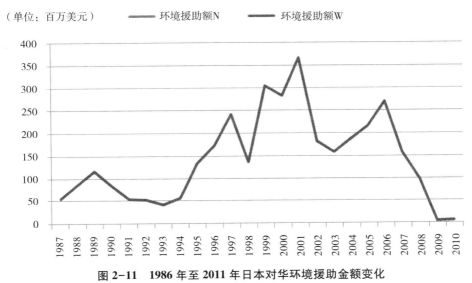

图 2-11　1986 年至 2011 年日本对华环境援助金额变化

资料来源:PLAID 数据库,http://www.aiddata.org。
注:以宽口径和窄口径统计的日本对华环境援助额相同,因而表现为日本对华环境援助额 N 趋势线与日本对华环境援助额 W 趋势线重合。

　　20 世纪 80 年代,日本向中国提供援助的动机主要以经济利益为主,一是从中国进口能源保证日本的能源安全,二是占据中国潜在的大市场,促进日本成套设备、钢铁、化肥等商品的出口。这一时期,交通、能源基础设施是日本对华援助的重点领域,环境保护项目很少。20 世纪 80 年代末,国内外批评日本主要援助于重工业使全球环境恶化,为了重新树立日本负责任的国家形象,日本政府多次在公开场合承诺向发展中国家提供环境援助并予以兑现。在这样的背景下,1988 年、1989 年日本对华环境援助项目增加,援助金额快速上升。这一时期,日本对华环境援助全部是供水和水污染治理领域的项目。

　　20 世纪 90 年代,日本意欲通过自身在环境治理方面的经验和技术优势,通过官方发展援助开展环境外交。1992 年在日本 ODA 的首个大纲中,将环境与开发相结合的原则置于其对外援助四大原则之首。1992 年开始,日本通过经济产业省制订的"绿色援助计划",与中国开展环境技术合作。1996 年日本提出了"面向 21 世纪的环境开发援助构想",注重 ODA 加强环境治理问题,并且明确提出亚洲为环境援助与合作的重点。1996 年中日友好环境保护中心建成后,日本通过该中心与中国开展专项技术培训合作。1996 年日本开始实施的第四批对华日元贷款(1996—2000 年),将 70 个项目中的 34 项投入环保领域。正是由于第四批日元贷款领域的转变,日本对华环境援助规模 20 世纪 90 年代后半期不断上升。这一时期日本对华环境援助项目仍以水污染治理为主,增加了大气污染治理和能源效率项目。

进入 21 世纪,日本国内面临严重的财政赤字问题,不得不削减对外发展援助预算。中国政府已将保护环境和治理污染作为一项长期的战略任务,国内每年需要大量投资用于水环境、大气环境、固体废物、生态环境、环境保护建设以及环境能力建设。中国巨大的环保市场给日本带去摆脱经济低迷的良好契机,所以在有限的援助资金中,环境保护成为日本对华援助最重要的领域。2000—2007 年日本对华环境援助占其对华发展援助比例由 20 世纪 90 年代的 17.47% 增长到 37.19%,这一时期日本向中国提供 184 个日元贷款项目,其中环境项目67 个。2008 年开始,日本结束了对中国的日元贷款,随后日本对华环境援助仅以无偿资金援助、利民工程和技术合作的形式进行,援助重点也转向了教育和人才培养,2008—2011 年,日本对华援助中教育援助占总援助比例达81.28%。由此 2008 年后日本对华环境援助规模急速下降,援助金额均不超过1000 万美元,对华环境援助占总援助的比例也在 7% 以下。这一时期日本对华环境援助开始向生物多样性保护、能源、林业发展、河流综合治理领域扩展,并且更注重实施与环境相关产业(如环保、能源、林业)的政策与管理、研究这类"软"援助。

(三)德国

德国是双边对华环境援助中规模位列第二的援助国,而中国是德国最大的环境援助接受国。德国对华环境援助主要通过贷款和技术合作赠款形式实施,以贷款形式为主。1993—2011 年中国累计接受德国的环境援助 N 为 5.88 亿美元,其中环境贷款资金 4.75 亿美元,占德国对华环境援助额 N 的 80.80%,技术合作资金 N1.66 亿美元,占德国对华环境援助额 N 的 28.15%;累计接受德国的环境援助 W6.41 亿美元,其中环境贷款资金 4.75 亿美元,占德国对华环境援助额 W 的 74.15%,技术合作资金 1.66 亿美元,占德国对华环境援助额 W 的 25.85%。

从环境援助金额趋势来看,德国对华环境援助经历了 20 世纪 90 年代较高水平的起始阶段、2000—2006 年低水平的过渡阶段以及 2007—2011 年的高水平上升阶段,如图 2-12 所示。

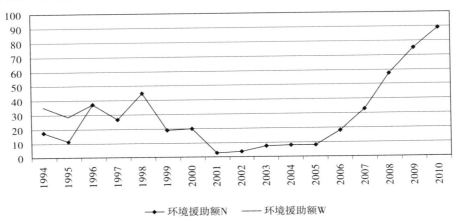

图 2-12 1993 年至 2011 年德国对华环境援助金额变化

资料来源:PLAID 数据库,http://www.aiddata.org。

注:1. 德国于 1993 年给予中国第一笔环境援款。为平缓数据的剧烈波动更便于观察援助金额的变化趋势,对数据进行三年移动平均处理,1993 年和 2011 年数据由此损失。

2. 1996 年之后,以宽口径和窄口径统计的德国对华环境援助额相同,因而表现为德国对华环境援助额 N 趋势线与德国对华环境援助额 W 趋势线在 1996 年后重合。

1992 年联合国环境与发展大会达成了环境与发展领域全球合作的共识,西方援助国做出了最高级别的政治承诺,推动了主要发达国家对发展中国家的环境援助。德国 1993 年以"中德财政合作陕西西部造林工程项目"❶开端,启动了对华环境援助。这一时期除了 1996 年没有环境援助项目、1998 年环境援助规模很小外,其余年份德国对华环境援助金额均在 2000 万美元以上。这一时期,德国对华环境援助项目很少,仅 28 项,但贷款项目多,占了 18 项,

---

❶ 根据《中国绿色时报》2010 年 9 月 6 日"开启中德财政合作造林项目新篇章"的介绍,这一项目的援助数量和区域不断扩大,至 2010 年,项目区涉及长江、黄河两大流域 17 个省(区、市)的 110 多个经济贫困、生态严重恶化的县(区、市)累计实施 24 个中德财政合作生态造林项目、1 个宣传项目和 2 个框架项目。德方援助金额共 1.63 亿欧元,其中无偿援助总金额约 1.58 亿欧元,优惠贷款总金额为 507 万欧元,加上项目省、地、县配套资金和农民劳务折抵,项目总投入近 23.43 亿元人民币。项目计划造林 86.9 万公顷。

所以环境援助规模较高。此外,这一时期环境援助项目均为供水和水污染治理项目。

21世纪初,德国对华援助服务于"千年发展目标",环境保护在所有目标中并不十分突出。2000—2006年,德国对华环境援助共计0.37亿美元,而同一时期,德国对华教育部门援助3.05亿美元,医疗卫生部门援助0.58亿美元,农业部门(以减贫为目的)援助0.54亿美元,均超过环境援助规模。因而,德国对华环境援助规模小于20世纪90年代。2000—2006年期间,除了2004年外,其余各年份德国对华环境援助金额均未超过500万美元。这一时期,德国对华环境援助项目较多,共176项,而贷款项目仅有1项,所以限制了环境援助规模。德国对华环境援助项目在这一时期以水污染治理为主。

从"十一五"开始,中国将"建设资源节约型和环境友好型社会确定为国民经济与社会发展中长期规划的一项战略任务和基本国策",国内每年需要大量投资用于水环境、大气环境、固体废物、生态环境、环境保护建设以及环境能力建设。另一方面,2005年《京都议定书》生效后,发达国家迫切需要通过清洁履约机制与发展中国家合作完成减排责任。面对中国巨大的环保以及减排市场,环境援助在德国对华援助中的优先地位和重要性上升。2007年之后,德国对华环境援助急剧上升,2007—2011年每年环境援助规模均在4000万美元以上,2010年德国对华环境援助达9901万美元,即将突破1亿美元关口,2007—2011年德国对华环境援助占总援助的比例达20.44%。这一时期,德国对华环境援助仍以赠款项目为主,德国累计向中国提供环境援助项目361项,技术合作赠款项目占了335项。环境援助范围扩展到与气候变化相关的能源、林业项目,以及生物多样性保护、水资源管理等,总体上环境援助由环境基础设施的"硬"援助向环境研究、环境能力建设等"软"援助转移。

第三节 对华环境援助存在的问题

对华发展援助、对华环境援助经历了30多年的发展,扩散到中国各个地区和各个领域,对中国产生多方面影响的同时,也面临着不少问题,包括对华环境援助规模偏小、来源过于集中、部门分布存在偏差以及赠款太少等。

一、对华环境援助的规模偏小

（一）对华援助、对华环境援助占中国 GDP 比例偏低

中国是一个受援大国，从 1980 年到 2011 年，累计接受国际发展援助（以项目为单位计算）865 亿美元，这一规模相当于 2010 年 OECD-DAC 成员国提供的项目援助额的 3.6 倍。然而，中国的国情是人口多、经济总量大，若从相对规模来看，结果截然不同。1980 年至 2011 年对华发展援助占中国 GDP 的比例平均为 0.55%，即使在 20 世纪 90 年代中国接受国际援助的高峰期，这一比例也仅为 0.92%。根据国外学者对援助规模与援助有效性的研究结果，国际援助规模达到受援国的吸收能力时，受援国将获取援助带来的所有正向效应。对华援助规模远未达到饱和点，从宏观层面看，继续增加援助有益于正向效应的充分发挥。

环境援助是发展援助的众多领域之一，1982 年至 2011 年中国累计接受国际环境援助 W 占对华发展援助总额的 23%，累计接受国际环境援助 N 占对华发展援助总额的 16%。1982 年至 2011 年对华环境援助 W 占中国 GDP 的比例平均仅为 0.11%，对华环境援助 N 占中国 GDP 的比例为 0.07%。而中国环境污染治理投资占 GDP 比重 2011 年、2012 年分别为 1.27%、1.59%❶。有限的环境援助规模多依靠资金外的其他效应（如挤入效应、技术效应、扩散效应）才能发挥国际环境援助的杠杆作用。

（二）对华援助规模、对华环境援助规模呈下降趋势

进入 21 世纪，为实现《千年发展目标》，发达国家增加了对发展中国家的官方发展援助，并且更多地向低收入以及不发达国家倾斜，❷对华发展援助规模逐渐缩小，对华发展援助额由 2000 年的 29 亿美元下降到 2011 年的 11 亿美元。至 2011 年，世界银行对华发展援助金额与 80 年代初持平，仅 4.5 亿美元；日本于 2008 年停止了对华日元贷款，对华发展援助金额由 2000 年 11.2 亿美元锐减至 2011 年的 1.3 亿美元。

援助方进入 21 世纪后增加了对中国环境援助的比例，然而受到对华发展援

---

❶ 国家环保部：《全国环境统计公报》2011 年、2012 年。

❷ OECD-DAC 成员国官方发展援助净支出占这些国家的国民总收入比重由 2000 年的 0.22% 增加到 2010 年的 0.32%，流向低收入国家和最不发达国家的援助占总援助金额的比重由 2000 年的 46% 增加到 2010 年的 63%。

助规模大幅度下降的影响,对华环境援助的规模亦呈下降趋势,2000—2001 年中国接受的年均环境援助 W 金额为 9.7 亿美元,至 2010—2011 年下降至 4.7 亿美元;环境援助 N 金额由 2000—2001 年的年均 9.5 亿美元下降至 2010—2011 年的 4.1 亿美元。

中国虽为全球第二大经济体,但中国的现实情况是中国人口众多、区域经济发展不平衡,经济发展与减贫仍是目前的重要任务。此外,中国还面临着外部不平衡、资源约束与环境问题、国内体制改革的挑战,且中国环境问题仍然十分突出,根据 2012 年世界环境绩效指数(EPI),中国在 163 个国家和地区中位列第 116 位。解决严峻环境问题需要国际发展援助机构以及双边援助国的资金、经验的支持以及技术、智力的合作。

对华环境援助的变化趋势与中国国内环境需求的变化背道而驰将无益于中国环境问题的解决。

二、对华环境援助的来源不平衡

(一)对华环境援助来源过度集中

改革开放后,中国接受了来自 17 个国际或区域组织的多边援助以及 28 个国家的双边援助,然而对华发展援助额的 84.6% 来自 4 个援助方:世界银行(37.9%)、日本(26.2%)、亚洲开发银行(13.2%)、德国(7.3%)。对华环境援助也集中来自这 4 个援助方,1982—2011 年对华环境援助额 W 的 90%❶、对华环境援助额 N 的 88.5%❷由这 4 个援助方提供。

援助来源的过度集中不利于维持受援国援助规模的稳定,增加了受援国获得援助的风险。进入 21 世纪对华发展援助的锐减完全是受到主要援助方世界银行、日本以及亚洲开发银行减少援助的影响。从 2000 年到 2011 年,对华发展援助金额由 29 亿美元下降到 11 亿美元;世界银行援助重点区域的转移导致对华发展援助从 2000 年的 8.7 亿美元下降到 2011 年的 4.5 亿美元,这一变化影响到对华援助总额变动的 23%;日本是对华发展援助总额下降的主要推动者,

---

❶ 世界银行、日本、亚洲开发银行和德国的对华环境援助额 W 分别占对华环境援助总额 W 的 54.5%、17.8%、14.4%、3.3%。

❷ 世界银行、日本、亚洲开发银行和德国的对华环境援助额 N 分别占对华环境援助总额 N 的 42.6%、24.6%、17.1%、4.2%。

2008 年日元贷款的结束使日本对华发展援助金额锐减,由 2000 年的 11.2 亿美元下降到 2011 年的 1.3 亿美元;亚洲开发银行的对华援助规模由 2000 年的 5.1 亿美元减至 2011 年的零,对华发展援助减少的 28% 来源于此。为此,这三个援助方对华环境援助的下降带来了整个对华环境援助额的减少,造成了对华环境援助的不稳定。

(二)来自联合国援助机构和全球环境基金的环境援助过少

联合国援助机构和全球环境基金是全球重要的环境援助多边机构来源。联合国援助机构中的开发计划署和儿童基金会都提供环境领域的援助。以联合国开发计划署为例,该机构援助的环境领域包括环境治理、生物多样性、可持续发展、温室气体与污染物,仅 2006 年联合国开发计划署环境领域项目援助即达 3.63 亿美元。全球环境基金是世界范围内从事环境改善发展援助的最大组织,1991 年成立以来向发展中国家提供了多达 86 亿美元的援助,在 160 多个国家执行了超过 2400 个项目。此外,相比世界银行等金融机构,联合国援助机构的优势之一是该机构不仅可以直接为开展的援助项目提供资金,也可以为受援国寻找其他筹资渠道;全球环境基金也具备类似的功能,它不仅运用自建的中心基金提供赠款,同时还和其他组织签署共同筹资协议、合作提供资金援助。但是,联合国援助机构和全球环境基金向中国提供的环境援助额很少,分别仅占对华环境援助额 W 的 0.96%、2.09%,占对华环境援助 N 的 0.16%、2.88%。1999—2011 年联合国开发计划署和儿童基金会向中国提供环境援助 671 万美元,不及 2006 年联合国开发计划署环境援助的 2%;1991—2011 年,全球环境基金向中国提供的环境援助为 407 万美元,仅为每个国家接受的全球环境基金平均规模的 75%。中国向联合国援助机构和全球环境基金争取的环境援助资金过少,丧失了许多利用联合国和全球环境基金筹集资金、与其他组织和国家合作的机会。

三、对华环境援助的部门分布有待完善

在对华环境援助中,投向工业、林业、交通和建筑业四个部门的援助资金很少,1982—2011 年,工业部门和林业部门获得的环境援助额分别占对华环境援助额 W 的 4.15% 和 4.58%,占对华环境援助额 N 的 5.72%、4.75%;而交通和建筑业两个部门获得的环境援助占对华环境援助总额均小于 1%,其中建筑业环境援助的占比为 0.01%,几乎可以忽略不计。而工业领域钢铁、煤炭、化工等行业因高能耗和高污染成为节能降耗、污染物防治的重要行业,森林因具有防风固土、涵养水源、净化空气以及营造生物栖息地的功能,林业成为生态建设的主体,建筑业与交通运输业也是节能与减污的重点行业,需要外来援助的推动,加快环境改善步伐。

当然,随着中国环境保护工作重点的变化,对华环境援助的部门流向也在变化。"十一五"期间中国政府提出"建设资源节约型、环境友好型社会",将能源的节约与高效利用、自然生态的修复、环境污染的防治作为环境保护领域的重点。"十一五"期间对华援助方提高了对工业和林业部门环境援助的重视程度,表现在:工业部门环境援助额占对华环境援助额 W 的比例为 9.9%,占对华环境援助 N 的 11%,高于 4.15%和 5.72%的平均水平;林业部门环境援助项目数由"十五"期间的 7 个增加到"十一五"期间的 25 个。但是,相比较中国国内环境保护对工业和林业的重视("十一五"期间,工业污染治理投资额占环境污染治理投资总额的 14.72%,营林固定资产投资占环境污染治理投资总额的 19.83%),仍存在较大差距;而交通部门和建筑业获得环境援助项目更少,"十一五"期间交通部门环境援助项目 6 个,建筑业环境援助项目 2 个。随着中国加快建设"资源节约型、环境友好型社会"的步伐,若流入工业、林业、交通和建筑业四个部门的国际环境援助仍保持低规模、低比例,将削弱国际援助对建设目标的贡献,不利于中国环境改善。

四、对华环境援助的赠款过少

对华环境援助中贷款比例大,1982—2011 年,对华环境援助 W 中贷款项目金额为 168.70 亿美元,占对华环境援助总额 W 的 87%;对华环境援助 N 中贷款项目金额为 118.11 亿美元,占对华环境援助总额 N 的 83%。援助中贷款比例过高,将使中国形成更多的外部债务,而且许多环境援助项目不能直接产生经济效益,特别是短期内无法带来直接收益,增加了中国的还款压力。

作为中国环境援助贷款项目的主要来源世界银行、亚洲开发银行和日本给予中国的贷款条件并非最优惠。1999 年中国从国际开发协会毕业后,贷款全部来自国际复兴开发银行的硬贷款,硬贷款的年利率以伦敦同业银行拆借利率为基准利率,大约为 7%左右,贷款偿还期限为 15 年至 20 年(含宽限期 5 年);亚洲开发银行对华贷款全部为硬贷款,年利率在 6.5%至 6.9%之间,贷款期限 15

年至 25 年;日元贷款还款期限 30 年(含 10 年的宽限期),利率为 1.3% 至 3.5%。还款期长另一方面也加大了承受汇率波动的风险。

对华环境援助中贷款比例大也意味着赠款金额少。1982—2011 年,中国接受的国际环境赠款项目金额 W13.94 亿美元,不及贷款项目的 1/10;环境赠款项目金额 N13.87 亿美元,不及贷款项目的 1/8。赠款项目有些是作为贷款项目的前期调研投入,但更多的是用于技术合作,如提供咨询服务、开展技术培训、合作研究,以及用于增加贫困群体和地区的民生福利。有限的环境赠款减少了中国与援助方进行技术交流的机会,无益于环境援助技术效应的提升;同时,有限的环境赠款也无益于贫困地区的环境改善与脱贫。

第三章　对华环境援助的减污效应实证研究

环境援助对受援国环境的影响分为直接效应与间接效应,一系列效应最终体现为减污效应是否有效。以前文的理论分析为基础,在把握对华环境援助概况之后,本章首先就对华环境援助与污染排放进行回归分析,然后利用面板数据研究对华环境援助在不同地区和不同行业的减污效果差异,揭示出对华环境援助对中国污染排放的具体影响。

第一节　对华环境援助与中国污染物排放的回归分析

一、模型设定与数据说明

这里沿用第一章模型的(16)式,$\dfrac{dE}{dA}\dfrac{A}{E} = \pi_1\dfrac{dS}{dA}\dfrac{A}{S} + \pi_2\dfrac{dI}{dA}\dfrac{A}{I} + \pi_4$

我们分别以 CO_2 和五种工业废物作为环境质量指标,采用 1982—2011 年的数据分析对华环境援助影响中国各类污染物排放的效果。[1] (16)式中,污染品价格 P 和消费者特征 T 是较难获得数据的两个变量,但是我们考虑到污染品价格 P 与一国收入水平和经济结构直接相关,而消费者环境偏好程度也随人均收入的上升而提高,因此,P 和 T 的影响可以通过经济规模、经济结构以及人均收入来实现。鉴于此,模型(16)最终可改写成如下形式:

$$\hat{E} = \beta_0 + \beta_1\hat{S} + \beta_2\hat{I} + \beta_3\hat{\kappa} + \beta_4\hat{A} \tag{17}$$

---

[1]　佘群芝、王文娟:《环境援助的减污效应——理论和基于 1982—2008 年中国数据的实证分析》,《当代财经科学》2013 年第 1 期,第 70—72 页。

这里所采用的数据分别作如下介绍：

（1）对华环境援助数据：环境援助的数据来自 PLAID 数据库，该数据库对 1982—2011 年对华援助的 19918 个项目进行了统计，共计 25 类受援部门，533 个援助活动类别。我们根据援助活动的类别对环境援助进行划分，沿用第二章环境援助的两种口径，环境援助 N 下文中用 AIDN 表示，环境援助 W 以 AIDW 表示。AIDN 和 AIDW 的单位均为万美元。

（2）经济体特征数据：经济规模 S 用国内生产总值 GDP 表示，单位为亿元；人均收入 I 用人均国内生产总值 AGDP 表示，单位为元；经济结构 K 用资本劳动比 K/L 表示，单位为万元/人。上述三类经济指标的数据来自历年《中国统计年鉴》。

（3）污染物排放数据：我们分别选用 CO_2、五种工业污染物和这六种排放物的综合排放指数（文中用 SIX 表示）作为环境质量指标。CO_2 数据来自 OECD 和世界银行官方网站，单位千吨。五种工业污染物包括废水、粉尘、烟尘、SO_2 和固体废弃物，单位均为万吨。由于工业污染物的数据最早可追溯到 1991 年，因此我们在做工业污染物模型回归时，使用的是从 1982—2011 年的数据；CO_2 的数据最早可追溯到 1982 年，因此进行 CO_2 模型回归时，使用的是 1982 年至 2011 年的数据。综合排放指数亦使用 1991 年至 2011 年的数据。环境援助和各类经济指标分别以 1982 年和 1991 年为基期进行平减。

六类污染物的综合排放指数借鉴杨万平、袁晓玲（2009）的处理方法。具体计算步骤如下：

第一，对各污染物排放数量进行无量纲化处理：

$$\bar{x}_{ij} = \frac{x_{ij} - x_{\min(j)}}{x_{\max(j)} - x_{\min(j)}} * 40 + 60$$

式中，$\bar{x}_{ij}$ 为去量纲后的历年各污染物排放数值；i 代表年份，j 代表污染物类别；x_{ij} 为去量纲之前的排放量，$x_{\min(j)}$ 和 $x_{\max(j)}$ 分别为第 j 类污染物的最小值和最大值；

第二，计算 x_{ij} 的比重 R_{ij}：$R_{ij} = \dfrac{x_{ij}}{\sum\limits_{i=1}^{m} x_{ij}}$；

第三，计算第 j 类污染物指标的熵值：$e_j = -\dfrac{1}{\ln m} \sum\limits_{i=1}^{m} R_{ij} \ln R_{ij}$，$0 \leq e_j \leq 1$；

第四,计算第 j 类污染物指标的差异系数 g_j。$g_j = 1 - e_j$。差异系数 g_j 的值越大,表示该类污染物在综合指标中的重要性越大;

第五,计算第 j 类污染物指标的权重 ω_j。$\omega_j = \dfrac{g_j}{\sum\limits_{j=1}^{n} g_j} = \dfrac{1 - e_j}{\sum\limits_{j=1}^{n} (1 - e_j)}$。本研究中 n 为 6;

第六,计算第 i 年的污染物排放综合指标 P_i。$P_i = \sum\limits_{j=1}^{n} \omega_j R_{ij}$。污染物排放综合指标 P_i 越大,表示环境污染程度越高。

二、数据平稳性检验

在协整检验之前,我们对模型各变量进行 ADF 单位根检验,即平稳性检验。我们分别对变量的原始数值和对数变化后的数值进行平稳性检验。首字母为 LN 代表变量的对数序列,首字母为 D 代表变量的一阶差分序列,首字母为 DD 代表二阶差分序列。由表 3-1 可见,在 5% 的显著性水平下,CO_2、GDP、AGDP、K/L 的水平序列和一阶差分序列均不平稳,而二阶差分序列平稳,为二阶单整;工业污染物的对数序列中除粉尘外均平稳,粉尘 LNDUST 一阶差分后平稳,为一阶单整;LNAGDP、LNAIDN、LNAIDW、LNGDP 的水平序列平稳,LNK/L 二阶差分后平稳,为二阶单整。

表 3-1 单位根检验结果

变量	检验形式 (C,T,K)	t 值	平稳性	变量	检验形式 (C,T,K)	t 值	平稳性
CO_2	(C,T,1)	-1.5675	不平稳	DAIDW	(0,0,0)	-8.0034	平 稳
DCO_2	(C,T,1)	-2.9461	不平稳	LNAGDP	(C,T,3)	-4.4752	平 稳
$DDCO_2$	(0,0,0)	-3.7932	平 稳	LNAIDN	(C,0,0)	-4.0097	平 稳
GDP	(C,T,0)	5.8760	不平稳	LNAIDW	(C,0,0)	-3.3283	平 稳
DGDP	(C,T,0)	-1.7399	不平稳	LNGAP	(C,T,3)	-4.5546	平 稳
DDGDP	(0,0,0)	-3.5489	平 稳	LNK/L	(C,T,2)	-3.0476	不平稳
AGDP	(C,T,1)	0.8735	不平稳	DLNK/L	(C,T,0)	-1.9389	不平稳

续表

变量	检验形式 (C,T,K)	t 值	平稳性	变量	检验形式 (C,T,K)	t 值	平稳性
DAGDP	(C,T,0)	−1.7903	不平稳	DDLNK/L	(0,0,0)	−4.1993	平　稳
DDAGDP	(0,0,0)	−3.3851	平　稳	$LNSO_2$	(C,T,3)	−3.3879	平　稳
K/L	(C,T,1)	0.2205	不平稳	LNWATER	(C,0,0)	−3.4801	平　稳
DK/L	(C,T,0)	−1.4728	不平稳	LNSMOKE	(C,0,0)	−2.8935	平　稳
DDK/L	(0,0,0)	−4.0033	平　稳	LNDUST	(C,T,0)	−1.4823	不平稳
AIDN	(C,T,0)	−3.9428	平　稳	DLNDUST	(0,0,0)	−4.2953	平　稳
AIDW	(C,T,0)	−2.9504	不平稳	LNSIX	(C,T,0)	−3.3622	平　稳

注:检验结果由 EVIEWS6.0 软件计算得出。(C,T,K)中 C 表示检验方程中含有截距项,T 表示含有时间趋势项,K 表示依据 SIC 最小准则确定的滞后阶数,0 表示不含截距项或时间趋势项。

三、数据协整检验

对于存在非平稳变量的模型,若用差分后的平稳序列进行回归又可能导致伪回归现象。协整理论及其方法为非平稳序列的建模提供了一种途径。本研究用 Johansen 协整检验方法来考察模型变量间的长期均衡关系。

为避免水平序列可能出现的异方差现象,我们分别对模型变量的水平序列和对数序列进行协整检验。同时,考虑到环境援助的减污效应可能出现滞后,当选用环境援助的现值不能通过协整检验时,我们尝试用环境援助的滞后值进行检验(用变量后括号内的负数表示滞后期);同时在环境援助 N 和环境援助 W 中间进行尝试。各污染物与经济变量之间的协整检验结果如表 3-2 所示。

由表 3-2 我们发现,CO_2 和解释变量的原始数值序列之间存在协整关系,SO_2、粉尘等工业污染物以及综合污染指数均与解释变量对数序列之间存在协整关系。除 SO_2 选用滞后三期的环境援助值外,其他模型选用滞后二期的环境援助值通过协整检验。滞后二期的环境援助 N 和环境援助 W 的 CO_2 模型均通过协整检验,通过协整的工业污染物模型中,仅有工业废水选用环境援助 N,其余都是选用环境援助 W 通过协整检验。

表 3-2　协整检验结果

协整向量	原假设		似然比统计量	5%临界值	结　论
	H0	H1			
CO_2 与 GDP、AGDP、K/L、ADIN（-2）	r=0	r=1	108.6910	33.87687	存在唯一协整关系
	r≤1	r=2	22.6483	27.58434	
CO_2 与 GDP、AGDP、K/L、ADIW（-2）	r=0	r=1	59.4673	38.33101	存在唯一协整关系
	r≤1	r=2	35.98251	32.11832	
LNDUST 与 LNGDP、LNAGDP、LNK/L、LNADIW（-2）	r=0	r=1	104.3548	33.87687	存在唯一协整关系
	r≤1	r=2	23.8823	27.58434	
LNSMOKE 与 LNGDP、LNAGDP、LNK/L、LNADIW（-2）	r=0	r=1	94.3609	33.87687	存在唯一协整关系
	r≤1	r=2	25.6591	27.58434	
$LNSO_2$ 与 LNGDP、LNAGDP、LNK/L、LNADIW（-3）	r=0	r=1	92.7333	38.33101	存在唯一协整关系
	r≤1	r=2	31.6312	32.11832	
LNSOLID 与 LNGDP、LNAGDP、LNK/L、LNADIW（-2）	r=0	r=1	101.8821	33.87687	存在唯一协整关系
	r≤1	r=2	24.6923	27.58434	
LNWATER 与 LNGDP、LNAGDP、LNK/L、LNADIN（-2）	r=0	r=1	89.7904	33.87687	存在唯一协整关系
	r≤1	r=2	24.9033	27.58434	
LNSIX 与 LNGDP、LNAGDP、LNK/L、LNADIW（-2）	r=0	r=1	95.1903	33.87687	存在唯一协整关系
	r≤1	r=2	26.0032	27.58434	

注:本表结果根据 EVIEWS6.0 软件计算得出,r 代表协整关系个数。

四、模型回归结果

根据协整检验的结果,我们用变量的原始数据序列对 CO_2 模型检验回归,用变量的对数序列对各工业废弃物进行回归。

(一)对华环境援助的结构效应、挤出效应和直接减污效应

AIDN 和 AIDW 及其滞后项的系数代表环境援助的结构效应、挤出效应以及援助的直接减污效应三者之和,表 3-3 结果显示该系数为负且通过 10% 的统计显著性检验,表明上述三效应之和减少 CO_2 排放,减排效果在提供援助的两年后

才有显著的体现。不考虑环境援助通过规模效应和技术效应带来的间接影响，环境援助 N 每增加 1 亿美元，受援国 CO_2 排放量在两年后减少 0.65 千吨；环境援助 W 每增加 1 亿美元，受援国 CO_2 排放量在两年后减少 0.58 千吨。

表 3-3　CO_2 模型回归结果

解释变量	CO_2		CO_2	
	系数	p 值	系数	p 值
c	42.2274	0.0000	43.3330	0.0000
GDP	−0.0112	0.0000	0.0114	0.0000
AGDP	−0.1472	0.0000	−0.15103	0.0000
K/L	0.0066	0.1140	0.0079	0.1136
AIDN(−2)	−0.6582	0.0565		
AIDW(−2)			−0.5829	0.0931
R^2	0.8201		0.8232	
F 统计量	26.217		26.7877	
P 值	0.0000		0.0000	

表 3-4 显示，环境援助将减少 SO_2、烟尘和废水的排放，增加粉尘、固体废弃物排放和提高综合污染指数。其中，环境援助 W 投放两年后减少烟尘排放，在援助投放三年后减少 SO_2 排放，但会在投放两年后增加粉尘和固体废弃物的排放，也会微弱地增加综合污染指数值；环境援助 N 在两年后降低废水的排放。不考虑环境援助通过规模效应和技术效应带来的间接影响，环境援助 W 增加 1%，会使烟尘排放量在两年后减少 0.009%，使 SO_2 排放量在三年后减少 0.008%，使粉尘和固体废弃物排放两年后分别增加 0.07% 和 0.11%，使综合污染指数值增加 0.00005%；环境援助 N 增加 1%，使废水排放量两年后减少 0.21%。

表 3-4　工业污染物模型回归结果

	粉　尘	二氧化硫	烟　尘	固体废弃物	废　水	综合污染指数
C	−3.8979	6.0619[a]	5.7268[c]	−1.9403	17.7913[a]	−0.0476[c]
LNGDP	0.3301[a]	0.1024[a]	0.1039[c]	0.4585[a]	0.4882[a]	0.00254[b]
LNAGDP	−3.9994[a]	−0.2746[c]	−0.7159[c]	−4.5191[a]	−0.0562[c]	−0.0238[b]

	粉　尘	二氧化硫	烟　尘	固体废弃物	废　水	综合污染指数
LNK/L	2.3208[a]	0.1355[c]	0.4694[c]	3.0654[a]	0.4823[c]	0.008783[c]
LNAIDN(−2)					−0.2054[b]	
LNAIDW(−2)	0.0695[c]		−0.0092[b]	0.1077[c]		0.000046[c]
LNAIDW(−3)		−0.0833[c]				
R^2	0.7532	0.8499	0.6994	0.7929	0.6459	0.7788
F 统计量	5.2375	18.4046	5.2375	13.4013	3.1416	3.2160
P 值	0.0086	0.0002	0.0086	0.0001	0.0460	0.0454

注:系数角标 a、b、c 分别代表通过 15%、10% 和 5% 统计显著性检验。

上述实证研究结果显示,总的来说从结构效应、挤出效应和援助的直接减污效应三者之和来看,环境援助对 CO_2 和 SO_2 这类跨境流动的污染物有明显的减排效果,而对非跨境流动的粉尘和固体废物没有明显的减污作用。其原因可能与环境援助提供方的援助目的有关:发达国家在涉及减排等援助事项时希望使其本国利益最大化,因而更加关注受援国跨境污染物的排放,以避免该污染物对本国环境造成影响。在相关研究文献中,Hatzipanayotou *et al.*(2002)、Hirazawa和 Yakita(2005)认为援助国和受援国之间的博弈会导致以下结果:援助国感知到的跨境污染增加使得援助国增加援助,而援助增加则会在中长期减少跨境污染。

(二)对华环境援助影响污染物排放的总效应

表 3-3 CO_2 的回归结果中,GDP 的系数显著为负,AGDP 和 K/L 的系数均显著为正,表明经济规模的扩大总体上不会增加 CO_2 排放,但随着资本密集度的提高 CO_2 排放会随之增加,人均收入水平的上升会降低排放。由于 CO_2 的回归方程采用的是原始数据而非对数,不能直接得到 CO_2 和各自变量之间的弹性数据,因而我们不能直接根据(17)式计算出环境援助对 CO_2 排放的总效应。我们能够确认的是,在不考虑规模效应和技术效应的情况下,环境援助 W 和环境援助 N 均能减少 CO_2 的排放。

对于表 3-4 中的五种污染物排放以及综合排放指标,经济规模和资本劳动比的提高均显著增加排放,人均收入的增加显著减少排放。环境援助对上述工业污染物排放的规模效应为正,技术效应为负。由于 GDP 和 AGDP 的符号相反，我们不能从模型中直接判断环境援助对上述污染统计量排放的总效应，但是可以根据（17）式对各总效应进行计算。

当环境援助对 AGDP 的影响弹性大于一定数值❶，或环境援助对 GDP 的影响弹性小于一定数值时，环境援助对表 3-4 中各污染统计量的总效应为负。例如 $\varepsilon_{SO_2,AIDW(-3)} = 0.1024\varepsilon_{GDP,AIDW(-3)} - 0.2746\varepsilon_{AGDP,AIDW(-3)} - 0.0833$，当 $\varepsilon_{AGDP,AIDW(-3)} >$ （$0.1024\varepsilon_{GDP,AIDW(-3)} - 0.0833$）/ 0.2746 时，$\varepsilon_{SO_2,AIDW(-3)} < 0$。同理，当环境援助对 AGDP 的影响弹性大于一定数值，或环境援助对 GDP 的影响弹性小于一定数值时，环境援助对其余四项工业污染物以及综合污染指数的总效应也为负，即此时环境援助会降低这些污染物的排放。

从实证研究结果可知，环境援助能降低 CO_2、SO_2、烟尘和废水的排放，但会增加粉尘和固体废物排放量，上述影响均存在滞后反应；当环境援助的技术效应足够大或规模效应足够小时，环境援助影响各工业污染物排放的总效应为负，即此时环境援助能最终降低工业污染物的排放。由于模型变量选择的关系，不能直接计算得到环境援助影响 CO_2 排放的总效应。

第二节　对华环境援助、能源消耗与污染排放的面板数据分析

考虑到中国幅员辽阔，各地区污染排放及经济发展各方面存在着巨大差异，不能把各个地区的环境承载量、污染排放视为一个同质的整体；且各工业行业的污染排放也各异，实证分析中需要充分考虑。同时，能源消耗是污染排放的重要影响因素，环境援助通过影响经济规模及工业生产，间接地影响到能源消耗及污染排放，我们为此引入能源消耗进行分析。从提高模型的现实可操作性与数据拟合准确性出发，解释变量中也不可忽略重要变量能源消耗，而且利用环境援助与能源消耗的参数可更好的横向对比出环境援助的相对减排贡献，进一步扩展减污效应研究。这里使用中国省级和工业行业的面板数据，运用面板数据的分析方法，对我国各地区及工业行业的环境援助、能源消耗与污染排放进行实证分

---

❶　Schweinberger 和 Woodland（2005）认为环境援助可能会增加受援国产出，因而 $\varepsilon_{GDP,AID}$ 和 $\varepsilon_{AGDP,AID}$ 的预期值均为正。

析,揭示环境援助与污染排放之间的内在联系。

一、模型设定和数据来源

这里首先运用面板数据的单位根检验与协整检验来测量环境援助、能源消耗与污染排放之间的长期关系,然后建立面板模型来评估它们之间的内在联系。考虑到面板数据的可得性,我们采用工业废水排放和工业二氧化硫排放作为污染排放的替代变量。

(一)地区面板数据模型设定

(1)对华环境援助、能源消耗与经济增长对工业废水排放的面板数据模型设定

借鉴环境库兹涅茨曲线(Environmental Kuznuts Curve,EKC)理论❶,可知环境污染与人均 GDP 水平有极大相关性,所以研究环境援助与能源消耗对污染排放的影响时,将该理论模型进行扩展。同时,这里将对所有变量取对数以消除数据中可能存在的异方差问题。

设定环境援助、能源消耗与工业增加值对环境污染影响的面板数据模型为:

$$LNwater^d_{it} = \alpha_0 + \alpha_1 LNagdp_{it} + \alpha_2 (LNagdp_{it})^2 + \alpha_3 LNe_{it} + \alpha_4 LNes_{it} + \varepsilon_{it}$$

(模型 B1)

其中,$i = 1, \ldots, N$;$t = 1, \ldots, T$;$water^d$ 表示区域工业废水排放量,$agdp$ 表示人均 GDP,e 表示环境援助额,es 表示能源消耗量,由于受到地区面板数据的限制,在此用电力消耗量来替代能源消耗量,ε_{it} 为随机误差项。

(2)对华环境援助、能源消耗与经济增长对工业二氧化硫排放的面板数据模型设定

根据国内外文献,二氧化硫排放与该国经济发展程度和能源消耗等呈现显著的相关性,结合本文的研究目的,最终把环境援助、能源消耗与经济增长对工业二氧化硫排放的面板数据模型设定为:

$$LNSO^d_{2it} = \beta_0 + \beta_1 LNagdp_{it} + \beta_2 (LNagdp_{it})^2 + \beta_3 LNe_{it} + \beta_4 LNes_{it} + \mu_{it}$$

(模型 B2)

---

❶ EKC 曲线反映了环境质量与人均收入间的倒 U 字形关系,污染在低收入水平上随人均 GDP 增加而上升,高收入水平上随 GDP 增长而下降。

其中，$i = 1,\ldots,N$；$t = 1,\ldots,T$；$SO^d{}_2$ 表示区域工业二氧化硫排放量，μ_{it} 为随机误差项，其余变量与模型 B1 具有相同的含义。

考虑到数据的可得性，这里的面板数据选取 2000 — 2011 年北京、上海、江苏、浙江、安徽、吉林、黑龙江、福建、天津、广东、重庆、四川、贵州、广西、海南、河北、宁夏、山西、江西、河南、湖北、山东、湖南、云南、陕西、甘肃、青海、内蒙古、辽宁、新疆等 30 个省市的环境援助额、电力能源消耗量、人均地区 GDP、工业废水排放量和工业二氧化硫排放量等 1650 组数据。由于西藏的数据缺失，故分析中没有包含西藏。数据来自历年的《中国统计年鉴》《中国环境年鉴》和 PLAID 数据库。考虑到数据包含价格因素，取 2000 年 = 100 进行价格指数平减。同时，为消除数据中可能存在的异方差，对所有变量取对数。

（二）工业行业面板数据模型设定

（1）对华环境援助、能源消耗与工业增加值对工业废水排放的面板数据模型设定

由于工业对环境污染的影响最大，很多环境援助用于治理工业污染，为了进一步的细化研究，将在工业行业内进行详细的面板数据分析，我们沿用环境 EKC 曲线理论的思想，并对模型作进一步的细化扩展。同时对所有变量进行取对数处理以消除数据中可能存在的异方差。

设定环境援助、能源消耗与工业增加值对环境污染影响的面板数据模型为：

$$LNwater^i{}_{it} = \chi_0 + \chi_1 LNidv_{it} + \chi_2 (LNidv_{it})^2 + \chi_3 LNec_{it} + \chi_4 LNe_{it} + \psi_{it}$$

（模型 B3）

其中，$i = 1,\ldots,N$；$t = 1,\ldots,T$；$water^i$ 表示工业行业废水排放量，idv 表示工业行业增加值，ec 表示工业行业能源消耗量，e 表示环境援助额，在此用工业行业能源消耗量来替代能源消耗量，ψ_{it} 为随机误差项。

（2）对华环境援助、能源消耗与工业增加值对工业二氧化硫排放的面板数据模型设定

根据国内外文献可知，二氧化硫排放与该国经济发展程度和能源消耗等呈现显著的相关性，考虑到本研究的目标，环境援助可能具有一定的相关性，所以环境援助、能源消耗与工业增加值对工业二氧化硫排放的面板数据模型设定为：

$$LNSO^i{}_{2it} = \eta_0 + \eta_1 LNidv_{it} + \eta_2 (LNidv_{it})^2 + \eta_3 LNec_{it} + \eta_4 LNe_{it} + \omega_{it}$$

（模型 B4）

其中，$i=1,...,N$；$t=1,...,T$；$SO^i{}_2$ 表示区域工业二氧化硫排放量，ω_{it} 为随机误差项，其余变量与模型 B3 具有相同的含义。

由于细化的工业行业数量较多，有煤炭开采和洗选业、石油和天然气开采业、黑色金属矿采选业、有色金属矿采选业等近 40 个行业，截面数据太多，时间序列数据较短，不利于模型的准确估计，为此我们仅选取排放量具有一定规模的行业，剔除污染排放较少的行业，工业行业面板数据选取 2000—2011 年煤炭开采和洗选业、石油和天然气开采业、黑色金属矿采选业、有色金属矿采选业、非金属矿采选业、农副食品加工业、纺织业、造纸及纸制品业、石油加工、炼焦及核燃料加工业、化学原料及化学制品制造业、医药制造业、化学纤维制造业、非金属矿物制品业、黑色金属冶炼及压延加工业、有色金属冶炼及压延加工业和电力、热力的生产和供应业等 17 个行业的面板数据。所有原始数据均来源于《中国统计年鉴》《中国环境年鉴》、PLAID 数据库与中宏经济数据库。同时，为消除数据中可能存在的异方差，对所有变量取对数。

二、面板数据稳定性检验

从提高检验的准确性出发，这里采用相同根的检验方法 LLC 检验与 Breitung 检验，同时结合不同根的检验方法 IPS 检验、Fisher-ADF 检验和 Fisher-PP 检验，进行全面综合的检验。对于面板数据协整检验，我们利用 Pedroni（2001，2004）基于最小二乘虚拟变量估计法提出的七个基于回归残差的面板协整检验方法，七个统计量中，panel v-stat、panel ρ-stat、panel ADF-stat 及 panel PP-stat 为组内统计量，group ρ-stat、group ADF-stat 及 group PP-stat 为组间统计量，且仅 panel v-stat 为右侧检验，其他均为左侧检验。Pedroni 检验的原假设是不存在面板协整关系。若各统计量均在一定的显著性水平下拒绝原假设，则意味着存在协整关系[1]。

（一）地区面板数据单位根检验

我们采用 LLC、Breitung、IPS、Fisher-ADF 和 Fisher-PP 五种检验方法对全国 30 个省市的工业废水排放量、工业二氧化硫排放量、人均地区 GDP、出口贸易额和电力能源消耗量数据及其一阶差分进行面板数据单位根检验，检验结果如下

---

[1] 李华：《基于面板数据的 FDI 就业结构分析》，《统计与决策》2011 年第 17 期，第 114 页。

表 3-5、表 3-6 和表 3-7 所示:

表 3-5　地区工业废水与二氧化硫排放面板数据单位根检验

检验方法	$LNwater^d$		$LNSO^d_2$	
	水平值	一阶差分值	水平值	一阶差分值
LLC 检验	2.5236*	−5.9174*	3.8764	−2.5874**
Breitung 检验	−0.5076	−5.6086*	−0.6234	−3.8353*
ISP 检验	0.9087	−5.0456*	−4.7924*	−2.7337**
Fisher-AD 检验	−21.2429	71.5368*	21.9743	37.3634**
Fisher-PP 检验	8.2225	57.7524*	0.74227	34.6534***

注:括号内为伴随概率;"*""**""***"分别表示检验在1%、5%、10%的水平上显著。

表 3-5 检验结果显示,全国各地区的工业废水排放量水平值仅 LLC 检验显著,其他四种检验统计量均不显著,表明变量 $LNwater^d$ 是不平稳的;同时其一阶差分序列的五种检验统计量均在1%的水平上显著,表明其差分序列是平稳的。全国各地区的工业二氧化硫排放量水平值仅 ISP 检验显著,其他四种检验统计量均不显著,表明变量 $LNSO^d_2$ 是不平稳的;同时其一阶差分序列的五种检验统计量,除 Breitung 检验在1%水平上显著外,其余均在5%的水平上显著,表明差分序列是平稳的。

表 3-6　地区人均 GDP 面板数据单位根检验

检验方法	$LNagdp$		$(LNagdp)^2$	
	水平值	一阶差分值	水平值	一阶差分值
LLC 检验	0.7435	−6.6756*	4.7508	−6.7785**
Breitung 检验	−5.6509*	−7.0865**	−0.7975	−4.5723*
ISP 检验	4.7537	−7.0858*	−5.5656*	−6.8765**
Fisher-AD 检验	47.6085	47.5555*	65.7655	67.0655**
Fisher-PP 检验	7.8735	34.4365*	0.6034	54.3085***

注:括号内为伴随概率;"*""**""***"分别表示检验在1%、5%、10%的水平上显著。

表 3-6 中的检验结果显示,全国各地区的人均 GDP 水平值仅 Breitung 检验在1%显著水平下显著,其他四种检验统计量均不显著,表明变量 $LNagdp$ 是不

平稳的;同时其一阶差分序列的五种检验统计量均在 1% 的水平上显著,说明其差分序列是平稳的。全国各地区的人均 GDP 平方水平值仅 ISP 检验显著,其他四种检验统计量均不显著,表明变量 $(LNagdp)^2$ 是不平稳的;同时其一阶差分序列的五种检验统计量,除 Breitung 检验在 1% 水平上显著外,其余均在 5% 的水平及上显著,差分序列是平稳的。

表 3-7 地区环境援助与电力能源消耗面板数据单位根检验

检验方法	LNe		$LNes$	
	水平值	一阶差分值	水平值	一阶差分值
LLC 检验	-1.8422	-12.6442*	3.0341	-1.7321**
Breitung 检验	-1.7643	-7.5448**	-0.5672	-3.3216*
ISP 检验	-0.5432	-10.3323*	-4.3761*	-2.1741**
Fisher-AD 检验	24.5408	84.0865*	24.4032	34.6413**
Fisher-PP 检验	24.8542	86.6644*	0.7073	34.65428***

注:括号内为伴随概率;"*""**""***"分别表示检验在 1%、5%、10% 的水平上显著。

表 3-7 的检验结果显示,全国各地区环境援助值五种检验统计量均不显著,表明变量 LNe 是不平稳的;同时其一阶差分序列的五种检验统计量均在 1% 的水平上显著,其差分序列是平稳的。全国各地区的人均电力能源消耗量水平值仅 ISP 检验显著,其余四种检验统计量均不显著,表明变量 $LNes$ 是不平稳的;同时其一阶差分序列的五种检验统计量,除 Breitung 检验在 1% 水平上显著外,其余均在 5% 的水平及上显著,说明其差分序列是平稳的。

(二)工业行业面板数据单位根检验

我们采用 LLC、Breitung、IPS、Fisher-ADF 及 Fisher-PP 五种检验方法对工业 17 个行业的工业废水排放量、工业二氧化硫排放量、工业增加值和工业行业能源消耗量数据及其一阶差分进行面板数据单位根检验,检验结果如下表 3-8 和 3-9 所示。

表 3-8 的检验结果显示,工业行业废水排放量水平值五种检验统计量均不显著,表明变量 $LNwater^i$ 是不平稳的;同时其一阶差分序列的五种检验统计量均在 1% 的水平上显著,表明其差分序列是平稳的。工业行业的二氧化硫排放量水平值仅 LLC 检验显著,其他四种检验统计量均不显著,即变量 $LNSO^i_2$ 是不平

稳的;同时其一阶差分序列的五种检验统计量,除 Breitung 检验在 1% 水平上显著外,其余均在 5% 的水平上显著,说明差分序列是平稳的。

表 3-8　工业行业废水与二氧化硫排放面板数据单位根检验

检验方法	$LNwater^i$		$LNSO^i_2$	
	水平值	一阶差分值	水平值	一阶差分值
LLC 检验	−0.6422	−2.0664*	−2.6448*	−2.4226**
Breitung 检验	0.4084	−4.6621*	−0.6422	−2.0644*
ISP 检验	0.8864	−6.0886*	−0.6864	−2.4224**
Fisher–AD 检验	12.4462	44.4424*	14.8662	24.0666**
Fisher–PP 检验	6.0888	48.6466*	4.4244	26.0866***

注:括号内为伴随概率;"*""**""***"分别表示检验在 1%、5%、10% 的水平上显著。

表 3-9　工业行业增加值与行业能源消耗量面板数据单位根检验

检验方法	$LNidv$		$LNec$	
	水平值	一阶差分值	水平值	一阶差分值
LLC 检验	−4.8096*	−1.6126**	0.0962	−1.7891**
Breitung 检验	−2.6233*	−3.0963**	−0.7154	−3.6421**
ISP 检验	0.5654	−4.0432**	−5.4626*	−3.9865**
Fisher–AD 检验	9.6549	45.8791**	21.4562	46.1372**
Fisher–PP 检验	6.9231	32.4564***	5.6864	32.5093***

注:1. 由于 $(LNidv_{it})^2$ 在水平值 5% 下显著,所以与其他变量不存在同阶单整,故此处没有列出其检验结果。
　　2. 括号内为伴随概率;"*""**""***"分别表示检验在 1%、5%、10% 的水平上显著。

　　表 3-9 的检验结果显示,工业行业增加值的水平值仅 Breitung 和 LLC 检验在 1% 显著水平下显著,其他三种检验统计量均不显著,表明变量 $LNidv$ 是不平稳的;同时其一阶差分序列的五种检验统计量均在 5% 或以上的水平上显著,说明其差分序列是平稳的。工业行业能源消耗的水平值仅 ISP 检验显著,其他四种检验统计量均不显著,表明变量 $LNec$ 是不平稳的;同时其一阶差分序列的五种检验统计量,均在 5% 及以上的水平显著,表明其差分序列是平稳的。

　　上述各项分析表明各变量的水平序列均为非平稳的,而其一阶差分均为平稳序列,即各变量均为一阶单整。针对其变量是非平稳的,我们进行面板数据模型估计前,需要进行面板协整检验。

三、面板数据协整检验

依 Pedroni(2004)基于最小二乘虚拟变量法,这里采用七个基于回归残差的异质面板协整检验方法。同时按一般性设定,序列没有呈现明显变化趋势,故检验中没有加入趋势项。地区和工业行业面板数据协整检验结果如表 3-10 所示:

表 3-10　面板数据协整检验结果

Pedroni 面板协整检验		地区面板	工业行业
组内统计量	panel v-stat	−1.864321 (0.8643)	−1.822038 (0.8483)
	panel ρ-stat	−1.246884 (0.0802) ***	−3.033831 (0.0000) *
	panel PP-stat	−3.283448 (0.0000) *	−4.330886 (0.0000) *
	panel ADF-stat	−2.180818 (0.0008) *	−2.218226 (0.0000) *
组间统计量	group ρ-stat	0.843064 (0.8361)	0.283662 (0.6018)
	group PP-stat	−4.124181 (0.0000) *	−6.888246 (0.0000) *
	group ADF-stat	−4.884328 (0.0000) *	−8.223468 (0.0000) *

注:括号内为伴随概率;" * "" ** "" *** "分别表示在 1%、5%、10%的水平上显著。

根据 Pedroni(1999)在检验小样本中的方法❶,地区和工业行业的面板协整检验 panel ADF-stat 和 group ADF-stat 均在 1%的显著水平上拒绝不存在协整关系的原假设,其他几个统计量的检验具有基本一致的结果,意味着一方面,各地区环境援助、电力能源消耗和人均 GDP 与工业废水排放和二氧化硫排放直接存在着长期的稳定关系;另一方面,各工业行业工业增加值、行业能源消耗总量与工业废水排放和二氧化硫排放之间也存在着长期的稳定关系。因此可以对上述模型进行面板模型估计。

---

❶　即 panel ADF-stat 和 group ADF-stat 的检验效果较好,而 panel v-stat 和 group ρ-stat 检验效果较差。

四、对华环境援助面板数据模型估计

基于面板数据的三维数据特性,模型设定不准确则可能产生较大偏差,估计结果与实际不符。为此,设定面板数据模型后,有必要依据检验确定面板数据模型的具体形式。这里借鉴已有研究经验,主要通过 F 检验和 Hausman 检验确定采用具体的模型形式。

F 检验是协方差分析检验,主要检验两个假设:

假设 1:斜率在不同的横截面样本点和时间上均相同,但截距不一样。

$H1: y_{it} = \alpha_i + x_{it}\beta + \mu it$

假设 2:截距和斜率在不同的横截面样本点和时间上都相同。

$H2: y_{it} = \alpha + x_{it}\beta + \mu it$

显然,如果接受了假设 2,则没有必要进行进一步的检验。如果拒绝了假设 2,就应该检验假设 1,判断是否斜率都相等。如果假设 1 被拒绝,就应该采用变系数的形式如下所示:

$$y_{it} = \alpha i + x_{it}\beta i + \mu it$$

利用协方差构造的检验统计量为:

$$F2 = \frac{(S3 - S1)/[(N-1)(K+1)]}{S1/[NT - N(K+1)]}$$

$$F1 = \frac{(S2 - S1)/[(N-1)K]}{S1/[NT - N(K+1)]}$$

其中,$S1$、$S2$、$S3$ 分别代表残差平方和,N 为样本数目,K 是外生变量个数。

而变截距模型和变系数模型又都可分为固定效应和随机效应模型,且参数估计方法也各不相同。为此,需要通过 Hausman 检验来确定模型为固定效应还是随机效应。

Hausman 检验是 Hausman(1978)提出,对同一参数的两个估计量差异性的显著性检验,简称 H 检验。我们利用其方法进行如下检验。首先,进行如下假设。

H_0:模型中所有自变量都是外生的。

H_1:其中某些自变量都是内生的。

在原假设成立条件下,

$$H = (\hat{\theta} - \tilde{\theta})(\hat{Var}(\tilde{\theta}) - \hat{Var}(\hat{\theta}))^{-1}(\hat{\theta} - \tilde{\theta}) \sim \chi^2_{(k)}$$

其中,$\hat{Var}(\tilde{\theta})$ 和 $\hat{Var}(\hat{\theta})$ 分别是对 $Var(\tilde{\theta})$ 和 $Var(\hat{\theta})$ 的估计。当 θ 表示一

个标量时，H 统计量退化为：

$$H = \frac{(\hat{\theta} - \tilde{\theta})^2}{\tilde{S}^2 - \hat{S}^2} \sim \chi^2_{(1)}$$

其中，$\tilde{S}^2$ 和 $\hat{S}^2$ 分别表示 $\tilde{\theta}$ 和 $\hat{\theta}$ 的样本方差值。

通过 F 检验和 Hausman 检验确定采用具体的模型形式。

（一）对华环境援助的地区差异模型估计结果

（1）对华环境援助、能源消耗与经济增长对工业废水排放的模型估计

根据 F 检验的结果，选择变截距模型 $y_{it} = \alpha_i + x_{it}\beta + \mu it$ 对模型 B1 进行估计，其结果如下[1]：

$$LNwater^d_{it} = 12.649 + 0.027LNagdp_{it} + 0.146(LNagdp_{it})^2 - 0.001LNe_{it} + 0.045LNes_{it}$$
$$\qquad\qquad (6.3568^*) \quad (2.9654^*) \quad (4.3653^{**}) \qquad\quad (2.6378^*) \quad (5.3578^*)$$

模型各度量的 t 统计量绝对值均大于 2，$R^2 = 0.964086$，DW 统计量为 1.985237。模型拟合效果较好，从结果可以看出电力消耗量对工业废水排放影响最大，其次是人均 GDP。其中人均 GDP 每增加 1%，工业废水排放量增加 0.027%；电力消耗每增加 1%，工业废水排放量增加 0.045%；环境援助每增加 1%，工业废水排放量降低 0.001%。可见，经济增长和能源消耗对环境污染的影响权重较大，而环境援助能够降低工业废水的排放。

（2）对华环境援助、能源消耗与经济增长对工业二氧化硫排放的模型估计

根据 F 检验拒绝了假设 H_1，应该选择变系数模型形式 $y_{it} = \alpha_i + x_{it}\beta_i + \mu it$。而变截距模型和变系数模型又都可分为固定效应和随机效应模型，且参数估计方法也各不相同。为此，需要通过 Hausman 检验来确定模型为固定效应还是随机效应。H 检验的结果显示为：$H = \dfrac{(\hat{\theta} - \tilde{\theta})^2}{\tilde{S}^2 - \hat{S}^2} \sim \chi^2_{(1)}$，$= 3.53 < \chi^2_{0.05} = 3.84$。故选择随机效应模型对模型 B2 进行估计，其结果如下：

$$LNSO_{2it}^d = 9.185 + 0.041LNagdp_{it} + 0.014(LNagdp_{it})^2 + 0.001LNe_{it} + 0.009LNes_{it} + v_i$$
$$\qquad\qquad (4.9853^*) \quad (3.5638^*) \qquad (5.4567^{**}) \qquad (4.0975^*) \qquad (2.1242^*)$$

---

[1] 注：括号内为解释变量系数的 t 统计量；"*""**""***"分别表示 t 统计量在 1%、5%、10%的显著性水平上拒绝系数为零的原假设。下同。

其中 v_i 为随机变量,模型中各变量 t 统计量绝对值均大于 2,$R^2 = 0.964309$,DW 统计量为 1.94536。模型拟合效果较好,从估计的结果显示人均 GDP 对工业二氧化硫排放影响最大,其次是电力消耗量。其中人均 GDP 每增加 1%,二氧化硫排放量增加 0.041%;电力能源消耗每增加 1%,工业二氧化硫排放量增加 0.009%,而环境援助每增加 1%,工业二氧化硫排放量增加 0.001%。环境援助对环境污染的影响为正。

同时,得出反映各地区环境援助、能源消耗与经济增长对工业二氧化硫排放的随机影响估计结果,如表 3-11 所示。

表 3-11 的随机效应估计结果显示,二氧化硫排放不同的地区,随机性变量值的差异性也比较大,其中,东部地区邻近大海,西部地区森林覆盖率相对较高,两个地区对污染排放的吸纳能力较强,故其对环境污染的随机性影响较小。而中部地区和北方地区因其气候和地理环境的作用,对污染排放的吸纳能力较弱,故其对污染排放的随机性影响较大。所以,治理环境污染不仅要考虑到环境援助、经济与能源利用效率等因素,也应考虑到环境自身的容纳能力,东部和西部地区污染排放要小于中部地区。

表 3-11　环境援助地区差异对二氧化硫排放随机影响的估计结果

地区	v_i	地区	v_i	地区	v_i
北　京	3.34538	浙　江	3.53322	海　南	-8.23824
天　津	3.34354	安　徽	4.48844	重　庆	-2.85424
河　北	4.02442	福　建	3.24443	四　川	-3.24055
山　西	8.45038	江　西	4.55084	贵　州	-3.38844
内蒙古	3.35305	山　东	3.43548	云　南	-4.05335
辽　宁	5.23304	河　南	4.23324	陕　西	-2.45038
吉　林	3.25686	湖　北	6.63332	甘　肃	-2.32322
黑龙江	3.63333	湖　南	6.25336	青　海	-6.50823
上　海	3.36683	广　东	3.22862	宁　夏	-3.68282
江　苏	3.65308	广　西	-2.33656	新　疆	-5.83303
S.E.of regression		1.045639		Sum squared resid	163.7432
F-statistic		38.894653		Durbin-Watson stat	1.98753

注:vi 为随机变量,代表 i 地区的随机性影响。

（二）对华环境援助的工业行业模型估计结果

（1）对华环境援助、能源消耗与工业增加值对工业废水排放的模型估计

根据 F 检验的结果，选择变截距模型 $y_{it} = \alpha_i + x_{it}\beta + \mu it$ 对模型 B3 进行估计，其结果如下：

$$LNwater^i{}_{it} = 12.872 + 0.353LNidv_{it} + 0.304\,(LNidv_{it})^2 + 0.167LNec_{it} - 0.002LNe_{it}$$
$$(3.7538^*)\quad\ (2.5875^*)\qquad\ (3.9543^*)\qquad\quad (3.6783^*)\qquad (4.0655^{**})$$

模型中 t 统计量绝对值均大于 2，$R^2 = 0.968624$，DW 统计量为 1.874614。模型拟合效果比较准确，结果显示工业行业增加值对工业废水排放影响最大，其次是能源消耗量影响也较大，环境援助的影响虽然较小，但仍具有降低工业废水排放的作用。其中工业行业增加值每增加 1%，工业废水排放量增加 0.353%；工业行业能源消耗每增加 1%，工业废水排放量增加 0.167%。故应高度关注工业增加值和能源消耗对环境污染的影响，提高工业行业增加值的技术含量与能源的利用效率乃降低污染排放的有效之道，同时加大引入国外的环境援助，降低污染排放。

（2）对华环境援助、能源消耗与工业增加值对二氧化硫排放的模型估计

根据 F 检验和 H 检验结果，利用变系数模型对模型 B4 进行估计，由于 $(LNidv_{it})^2$ 数据与其他面板数据并非同阶单整，故模型估计时并没有引入此变量。其变系数估计模型如下：

$$LNSO^i{}_{2_{it}} = \eta_{0,i} + \eta_{1,i}LNidv_{it} + \eta_{3,i}LNec_{it} + \eta_{4,i}LNe_{it} + \omega_{it}$$

据此，通过估计得出反映环境援助、工业行业增加值与能源消耗对工业二氧化硫排放的变系数估计结果，如表 3-12 所示：

表 3-12　环境援助工业行业面板数据的变系数模型估计结果

工业行业	$\eta_{0,i}$	$\eta_{1,i}$	$\eta_{3,i}$	$\eta_{4,i}$
煤炭开采和洗选业	22.54324	0.20543	0.02775	-0.01834
石油和天然气开采业	5.57553	0.00575	0.00842	-0.00071
黑色金属矿采选业	5.58753	0.08375	0.00232	-0.00131
有色金属矿采选业	22.57554	0.22553	0.04534	-0.04583
非金属矿采选业	5.45222	0.00775	0.00407	0.00053
农副食品加工业	5.50877	0.07423	0.02654	0.01544
纺织业	7.04227	0.08357	0.00522	-0.00411

工业行业	$\eta_{0,i}$	$\eta_{1,i}$	$\eta_{3,i}$	$\eta_{4,i}$
造纸及纸制品业	25.08732	0.22558	0.05327	-0.00019
石油加工、炼焦及核燃料加工业	24.45374	0.23547	0.08225	-0.09115
化学原料及化学制品制造业	7.50342	0.22578	0.02242	-0.00051
医药制造业	4.75525	0.00837	0.00309	0.00018
化学纤维制造业	7.23328	0.07553	0.00397	-0.00433
非金属矿物制品业	7.55528	0.22557	0.20322	-0.10814
黑色金属冶炼及压延加工业	7.23887	0.22455	0.22532	-0.13455
有色金属冶炼及压延加工业	4.34554	0.20554	0.24651	-0.11344
电力、热力的生产和供应业	8.45543	0.20432	0.22987	-0.11533

注：vi 为随机变量,代表 i 地区的随机性影响。

表 3-12 显示各工业行业的工业增加值对二氧化硫排放的影响要大于工业能源消耗的影响。在工业增加值的影响中,煤炭开采和洗选业、有色金属矿采选业、纺织业、造纸及纸制品业、石油加工、炼焦及核燃料加工业、化学原料及化学制品制造业、非金属矿物制品业、黑色金属冶炼及压延加工业、有色金属冶炼及压延加工业与电力、热力的生产和供应业等行业工业增加值对二氧化硫排放的影响弹性较大。除医药制造业、农副食品加工业和非金属矿采选业外,环境援助与二氧化硫排放成负相关,环境援助可以降低污染排放。其中,环境援助在非金属矿物制品业、黑色金属冶炼及压延加工业、有色金属冶炼及压延加工业、电力、热力的生产和供应业中降低污染排放的效果较好。

检验结果显示:不同的行业对环境污染因自身的加工、生产的特点不同具有很大的差异性,污染既有产值增加的因素,也有能源消耗的因素,必须根据不同的特点配置,环境援助加强环境治理的针对性。

回归分析表明,对华环境援助能降低 CO_2、SO_2、烟尘和废水的排放,同时增加粉尘和固体废物排放量,且均存在滞后反应;若对华环境援助的技术效应足够大或规模效应足够小,环境援助能最终降低工业污染物的排放。

地区和工业行业面板数据估计结果表明,能源消耗、人均 GDP 和工业增加值增加工业废水排放和工业二氧化硫排放,影响权重较大,环境援助可以降低污染排放。对于二氧化硫排放,不同地区随机性变量值的差异性比较大,中部地区和北方地区对环境污染的随机性影响较大,环境援助的效果较弱;而东部地区对环境污染的随机性影响较小,环境援助的效果较好。东部和西部地区污染排放要小于中部地区。由于行业生产的特点不同,环境援助在非金属矿物制品业、黑色金属冶炼及压延加工业、有色金属冶炼及压延加工业、电力、热力的生产和供应业中降低污染排放的效果较好。

第四章　对华环境援助的减污效应案例分析

环境援助有效性是国际援助有效性研究的重要方面,主要采用数理模型、计量分析、案例研究三大类方法。A.G.Schweinberger,A.D.Woodland(2005)采用数理模型,得出外国援助即使与治污捆绑,在短期和长期都带来世界污染上升的结论。B.Mak Arving,Parviz Dabir-alai,Byron Lew(2006)以130个国家为样本,实证考察了国际援助与CO_2之间的联系,得到的结论为两者之间的关系不确定。陈光辉(2006)采用单案例研究方法对湖南省"世行三期"林业贷款项目进行绩效研究,表明世界银行贷款中国林业项目取得了较好的生态、社会、经济效益。Katherin Morton(2005)虽然采用了跨案例的研究方法,但主要强调国际环境援助中环境能力建设,没有全面评估环境援助的效果。赵勇(2011)专门研究了亚行贷款的黄河防洪项目中环境保护问题,偏重于其环境保护的实施过程,其实际效果的研究有待拓展。

在前述研究的基础上,本书同时采用了跨案例研究法,从援助项目的角度全面评价其减污效果,以增强研究结论的微观基础和可信度。本书选择有代表性的四个案例进行研究,包括世界银行——信阳林业持续发展项目、日本——柳州市酸雨及环境污染综合综合治理项目、欧盟——重庆市生物多样性保护主流化与能力建设项目、亚洲开发银行——武汉污水处理项目,提出如下命题:环境援助项目产生了直接与间接的环境效应,形成有效的减污效应。

第一节　案例分析总报告

一、案例的选择与基本逻辑框架
(一)四个案例的代表性
案例研究是解决"怎么样、为什么"之类问题的最佳研究方法,[1]这里主要采

---

[1]　Yin,R.K:《案例研究:设计与方法》,重庆大学出版社2004年版,第15页。

取跨案例研究方法。相对于单案例研究而言,多个案例的分析结果均指向同一结论时,将有效提高研究结论的有效性、普适性及科学性,跨案例研究得出的结论具有更强的说服力。基于此,本书以弄清对华环境援助的减污效果为目标,选取四个援助项目进行跨案例研究。我们在研究过程中采用历史文献、现场调研等方法获取具体材料与数据。

本书的跨案例研究根据案例的多样性、典型性、可调研性等原则,最终选取了信阳林业持续发展项目、柳州市酸雨及环境污染综合治理项目、重庆市生物多样性保护主流化与能力建设项目、武汉污水处理项目4个案例,援助方分别为世界银行(对华环境多边援助的最大援助方)、日本海外经济协力基金(对华环境双边援助的最大援助方)、欧盟以及亚洲开发银行(简称亚行),涉及的部门包括林业、酸雨及环境污染综合治理(对华环境援助的主要部门之一)、生物多样性以及污水处理(对华环境援助的主要部门之一),时间跨度从 1996 年到 2011 年(详见表4-1)。4个项目跨4个省市,涉及4个主要对华援助方,应对4种不同的环境问题,符合典型性、多样性等要求,具有充分代表性。

表4-1 四个援助项目简介

项　　目	援助方	援助金额（万美元）	国内配套金额（万美元）	部门	时期
信阳林业持续发展项目	世界银行	291.64	291.84	林　业	2002.7—2009.8
柳州市酸雨及环境污染综合治理项目	日本海外经济协力基金	2,299百万日元	9464百万日元	酸雨及环境污染综合治理	1996.12—2009.11
重庆市生物多样性保护主流化与能力建设项目	欧　盟	142.553	147.131	生物多样性	2008.2—2011.1
武汉污水处理项目	亚洲开发银行	8042	13230	污水处理	2004.3—2010.9

(二)案例分析的基本逻辑

本书的案例研究采用国际金融组织贷款项目绩效评价中的常用方法——项目逻辑模型(Project Logic Model),国际环境基金(GEF)的项目绩效评估也广泛采用此法。❶ 它是理解从投入(国际环境援助)到产出(环境变化)之间因果关系的有效工具。其内部逻辑是:资源投入→活动开展→项目产出→环境变化,即对一个项目投入一定的资源,以便开展必要的活动;至少有一些活动会获得一些产出;使用这些产出应该会带来某种变化。

　　具体对于环境援助而言,总的逻辑框架为,利用对华环境援助,开展一些项目活动,其直接产出是建成环境保护基础设施、提高环境保护能力等;项目的实施带来环境技术进步、环境政策完善、扩散等间接效应,上述两者共同作用的结果是减少污染、改善项目所在地乃至其他地区的环境。当然,项目所在地的环境改善也离不开地方政府的环保投入以及其他相关的综合努力(竞争性解释)(详见图4-1)。

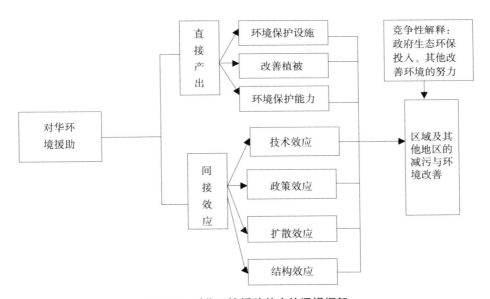

图4-1　对华环境援助效应的逻辑框架

二、四个项目的投入—产出

　　环境改善需要形成一定的产出方能见效,为此需要资金等方面的投入。四个援助项目的投入、产出数据主要来自项目相关文件、现场调研(详见表4-2)。

---

❶ GEF Evaluation Office, Case Study: Bwindi Impenetrable National Park and Mgahinga Gorilla National Park Conservation Project.

表 4-2　项目投入—产出

项　目	资金投入		产　出
	援助金额 （万美元）	国内配套额 （万美元）	
信阳林业持续发展项目	291.64	291.84	造林 2081.4 公顷 建设苗圃 122 公顷
柳州市酸雨及环境污染综合治理项目	2299 百万日元	9464 百万日元	煤气供应、立冲沟垃圾处理场、柳化排气、柳钢焦煤煤燃烧脱硫
重庆市生物多样性保护主流化与能力建设项目	142.553	147.131	与生物多样性保护相关的规划、生物多样性本底调查与物种资源数据库、生物多样性监测与评估系统框架、大学生生物多样性保护教育与能力培训、缙云山国家级自然保护区周边等公众教育宣传、生物多样性保护相关研究、城口县大巴山和石柱县武夷山生物多样性保护与非木材林产品可持续利用示范、都市区湿地恢复、生物多样性保护示范
武汉污水处理项目	8042	13230	建成三个污水处理厂 水质模型等

（一）项目投入

一是项目援助形式主要包括优惠贷款和无偿赠款两种形式,且以前者居多。在四个案例中,除了重庆市生物多样性保护主流化与能力建设项目为欧盟赠款(1,425,539 美元)外,其他均为优惠贷款。优惠贷款体现为利率较低、还款期限长。以武汉污水处理项目为例,亚行贷款的利率为 3.95%(伦敦同业拆借利率),还款期为 25 年;而同期国家开发银行贷款的利率为 5.472%,还款期为 15 年。

二是环境援助项目均要求国内配套资金。配套比至少为 1,最高为柳州市酸雨及环境污染综合治理项目,达 4.1。

三是项目资金的使用有严格的规定。首先资金的支取有严密的规章制度,如信阳林业持续发展项目的资金采用先垫支后报账的制度。其次大部分设备的采购需公开招标,以便降低采购成本。如武汉污水处理项目的落步嘴污水处理厂通过公开招标除臭设施,最后由加拿大 BIOREM 技术有限公司提供,达到国际顶尖除臭工艺各项技术参数和稳定安全运行的水平。

（二）项目产出

一是环境援助项目的产出包括环境保护设施和能力两大类。武汉污水处理工程项目，其产出包括建成三金潭、落步嘴、黄家湖三个污水处理厂，污水处理能力直接增加 52 万 m^3/日。而重庆市生物多样性保护主流化与能力建设项目注重的就是生物多样性保护能力建设。

二是环境援助项目一般包括几个子项目，因而其直接产出也包括几个相关部分。柳州市酸雨及环境污染综合治理项目的产出包括煤气供应、立冲沟垃圾处理场、柳化排气、柳钢焦煤燃烧脱硫等。

三、四个项目的直接环境效应

环境援助项目主要通过建成减污设施、改善植被、提高环境保护能力三个途径产生直接的环境效应（详见表4-3）。

表 4-3　项目的直接环境效应

项　目	直接环境效应
信阳林业持续发展项目	引进了一批优良新品种，增加生物多样性；每年固碳 18082 吨，增加 730m^3 的水源含量，减少 17.8 万吨的水土流失；吸收信阳市排放的 1.6% 的二氧化硫量和 380% 粉尘
柳州市酸雨及环境污染综合治理项目	日处理生活垃圾约 1000 吨；每年削减 1863.34 吨二氧化硫排放量；尾气处理系统的废气废水排放量达标；民用燃气项目三期每年污染物减排量为 SO$_2$7680 吨、TSP9507 吨
重庆市生物多样性保护主流化与能力建设项目	各方参与生物保护多样性的能力得以提升，示范区生物多样性破坏得以缓解和恢复
武汉污水处理项目	增加污水处理量 52 万 m^3/日，2010 年污水处理率达到 92%；避免了污水处理厂运行所产生的臭气、污泥等二次污染；通过中水回用和沼气自用提高了资源再利用

（一）建设减污设施减轻环境压力

污染排放是经济、生活的副产品，解决的关键是做无害化处理，以减轻环境压力。武汉污水处理项目通过建设三个污水处理厂，增加污水处理量 52 万

m^3/日,2010 年污水处理率达到 92%。2004—2011 年,武汉市湖泊水质符合Ⅲ类的湖泊数量从 8 个上升为 17 个,劣于Ⅳ类的湖泊数量从 37 个下降至 21 个,说明该市湖泊水质有明显改善。柳州市酸雨及环境污染综合治理项目通过建设立冲沟垃圾处理场、民用燃气第三期、柳钢焦炉煤气脱硫综合利用项目等,日处理生活垃圾约 1000 吨,每年污染物减排量为 SO_2 7680 吨、TSP 9507 吨。其中,柳钢焦炉煤气脱硫综合利用项目实施后,柳钢厂区、生活区的大气二氧化硫平均值分别为 0.088mg/Nm^3、0.062mg/Nm^3,与 1996 年同期的 0.167mg/Nm^3、0.098mg/Nm^3 相比,厂区和生活区的大气环境质量得到了明显改善。

(二)增加森林覆盖面积改善环境

森林具有蓄水、净化空气等职能,同时也为生物的生存提供良好环境。世界银行贷款林业持续发展项目(信阳)完成造林 2081.4 公顷,每年可固碳 18082 吨,减少 17.8 万吨的水土流失,吸收信阳市排放的 1.6% 二氧化硫量和 380% 粉尘。重庆市生物多样性保护主流化与能力建设项目实施后,该市的森林、城市绿化面积逐年增加,到 2011 年实现了全市森林覆盖率 39%,城市绿化覆盖率由 2007 年的 30% 上升到 2011 年的 40%。

(三)提高环境保护能力,改善环境

环境保护能力是改善环境质量的重要因素,Katherin Morton(2005)甚至提出衡量国际环境援助有效性的最佳方法是其强化环境保护能力的程度。重庆市生物多样性保护主流化与能力建设项目通过本地调查、规划制定、宣传教育、建立示范区等途径,使得包括政府在内的各方参与生物保护多样性的能力得以提升,示范区生物多样性破坏得以缓解和恢复。武汉污水处理项目通过培训和外出学习,提高了武汉城市排水发展有限公司的项目管理、融资管理、营运计划、环境监控、水质监管、运营者培训、公共意识培养等方面的能力。

四、四个项目的间接环境效应

环境援助项目的减污效应,不仅包括其直接效应,而且会产生其技术、政策、扩散、结构等间接效应(详见表 4-4),国际组织和发达国家对华环境援助的最终目标是通过援助项目带动中国环境保护水平提高,而不仅仅是项目导致的直接环境改善,这与中国政府的发展目标相一致。

表4-4 项目间接环境效应

项目	间接环境效应	
信阳林业持续发展项目	技术效应	参与农户掌握了林地管理和用材林、经济林的速生丰产栽培技术以及嫁接、修剪、病虫害防治、科学施肥等实用技术,如板栗子苗嫁接、板栗疏雄增产等新技术
	扩散效应	提高了政府、林农的环境保护意识;信阳市在国家生态示范区建设中把生态林业与生态农业、生态型工业、生态城镇并列为建设目标;平桥区率先在全国发展碳汇林业;造林环保模式在后续造林中得到很好的延续
	结构效应	通过加强苗圃建设,强化了林业基础;引进新树种,林业种植结构更合理;采用林茶间作,发展新型生态营林模式
柳州市酸雨及环境污染综合治理项目	技术效应	积极对相关人员进行培训,提高员工的技能;柳钢项目在引进德国五矿有限公司的焦炉燃气的脱萘、脱硫净化装置基础上,通过自主创新,研发出烧结烟气氨法脱硫技术与装备;垃圾处理场项目采用更先进的组合工艺对原有垃圾渗滤液处理系统进行技术改造
	政策效应	促使柳州市环境保护政策和制度的制定和实施、开展二氧化硫排放总量控制及排放权交易政策实施的示范工作、强化环保审批工作
	扩散效应	广西各地市环卫部门均有来垃圾场项目参观学习,南宁、百色等市参照柳州市垃圾场(立冲沟)建设模式实施了相同的项目,带动了广西乃至中国环境保护水平的提升
重庆市生物多样性保护主流化与能力建设项目	技术效应	向村民推广科学的种植方法
	政策效应	编制了全国第一个省级生物多样性保护策略和行动计划;确立了建立生物物种资源保护和管理部门联席会议制度;为将生物多样性保护纳入政府官员的考核提供了操作规范;将生物多样性保护影响评价纳入资源类开发项目的环评中;促使自然保护区管理政策与制度出台
	扩散效应	生物多样性保护观念在山区村民、中小学生、房地产开发商中得到扩散;生物多样性保护策略与行动计划的编制经验的扩散
	结构效应	鼓励农民发展种养业,上山挖药和毁林现象减少
武汉污水处理项目	技术效应	在污水处理中采用了中温厌氧工艺处置剩余污泥、生物除臭等先进技术
	政策效应	间接地从宏观上推进了武汉市新环保政策,特别是水环境政策的出台,在全国率先形成比较系统的涉水地方性法规规章体系
	扩散效应	召开了武汉水质模型项目研讨会暨武汉污水管理展示会;以项目为契机,推广水环保知识;先进技术成果在汉西污水处理厂、南太子湖污水处理厂等新污水处理厂建设中得到应用

(一)技术效应

环境技术是实现经济—环境协调发展的重要手段。❶ 环境援助项目,一方

---

❶ Jaffe, A. and Stavins, R., Environmental Policy and Technological Change. *Environmental and Resource Economic.* Vol.22(2002), pp.41-69.

面通过购置新的设备,引进新的环境保护技术。武汉污水处理工程项目的落步嘴污水处理厂从加拿大 BIOREM 技术有限公司引进高效生物过滤系统,臭气经生物除臭系统处理后的排放气体符合《城镇污水处理厂污染物排放标准》(GB18918,2002)二级标准。世界银行贷款林业持续发展项目(信阳)通过开展培训、编发林业管理与技术资料、邀请专家进行现场技术咨询等方式,让参与农户掌握了林地管理和用材林、经济林的速生丰产栽培技术以及嫁接、修剪、病虫害防治、科学施肥等实用技术,如板栗子苗嫁接、板栗疏雄增产等新技术。另一方面,环境援助项目引致技术创新。在柳州市酸雨及环境污染综合治理项目中,柳钢在引进德国五矿有限公司焦炉燃气的脱萘、脱硫净化装置基础上,针对烧结烟气氨法脱硫技术推广应用的主要困难,研发出 $2×360m^2$ 烧结机烟气氨法脱硫装置,有效降低了污染物排放。

(二)政策效应

政策效应是指对华环境援助通过增压、助推、借鉴等途径,引导政府部门增强对环境保护工作重要性的认识、积极出台相应的政策法规。亚行贷款的武汉污水管理项目,促进了《武汉市湖泊保护条例实施细则》《武汉市城市节约用水条例》《武汉市水资源保护条例》等的出台,在全国率先形成比较系统的涉水地方性法规规章体系。重庆市生物多样性保护主流化与能力建设项目中,确立了建立生物物种资源保护和管理部门联席会议制度,建立了将生物多样性保护纳入政府官员考核的操作规范等,为发挥政府在生物多样性保护中的作用提供了具体的保障。

(三)扩散效应

扩散效应具体包括企业、居民、政府等主体的环境保护意识的传播和环境保护技术的扩散。重庆市生物多样性保护主流化与能力建设项目通过发放生物多样性公众教育手册、开展生物多样性保护小课题与小项目等活动,生物多样性保护观念在山区村民、中小学学生、房地产开发商中得到有效传播。柳州市酸雨及环境污染综合治理项目中,广西各地市环卫部门来垃圾场项目参观学习,南宁、百色等市参照柳州市垃圾场(立冲沟)建设模式实施了相同的项目,带动了广西乃至中国环境保护水平的提升。

(四)结构效应

环境援助项目引导项目所在地的产业结构、经济结构向环境友好方向转变,产生结构效应。世界银行贷款林业持续发展项目(信阳)中,平桥子项目引进了中林46、欧美杨107、信阳五月鲜桃、曙光油桃、突尼斯软籽、红玛瑙、玉石籽等新品种,改善了当地的生物多样性。此外,平桥区推广林茶间作模式,发展成为集林粮、林畜、林禽、林药、农家乐、游玩采摘、休闲度假、生态服务为一体的立体复合生产经营,实现了农林牧资源共享、循环发展,也促进了林业产业的第三产业化,推动平桥区林业的生态化。重庆市生物多样性保护主流化与能力建设项目中,城口县大巴山示范区通过发展中蜂养殖和中草药种植等生计替代,上山挖药的现象大幅下降。

五、四个项目的比较

4 个项目来自对华环境援助的 4 个主要援助方:世界银行、亚洲开发银行、日本及欧盟。4 个项目各聚焦于不同的环境问题,信阳项目重在扩大森林面积,解决空气、水、生物多样性等综合性环境问题,武汉项目专门解决水污染问题,柳州项目涉及酸雨及环境污染综合治理,重庆项目聚焦于生物多样性保护。4 个项目的实施对环境产生了直接影响,也带来了间接的影响,如表4-4所示。进一步对 4 个项目进行对比分析,还可总结下列 4 点不同。

(一)四个项目的政策效应明显,尤以重庆项目突出

4 个援助项目在实施过程中对当地政府产生了积极影响,形成了广泛的政策效应,如表4-4所示。其中,重庆市生物多样性保护主流化与能力建设项目直接将生物多样性保护纳入了政府官员的考核体系之中,并建立了生物物种资源保护和管理部门联席会议制度,具有硬约束,政策效应更显著。

(二)重庆项目和信阳项目的公众环保意识推广尤见成效

环境援助项目均强调培养公众环境保护理念,四个项目不同程度地向公众推广了环保的重要性及其做法,吸引公众参加到环境保护之中。公众环保意识的推广以重庆和信阳项目尤为突出。重庆项目的大量活动本身为公众直接参与,直接向村民、大中小学生、房地产开发商传输生物多样性保护观念与相关知识,环保观念影响广泛。

(三)四个项目的减污过程不同

柳州项目和武汉项目通过建设减污设施,直接产生减污效应,分别表现为二氧化硫浓度下降、污水处理达标率上升。其中,柳州项目的煤气供应子项目实施,通过在家庭中利用燃气代替煤作为燃料,每年可减少二氧化硫排放 7680 吨;武汉项目建成的三个污水处理厂,直接增加污水处理量 52 万 $m^3/$ 日。

而重庆项目和信阳项目则需经过一个过程才发挥减污效应,如林木生长经过一个周期后才能较好地发挥吸收二氧化碳、减少水土流失等作用。

(四)项目减污效应的主要途径存在差异

柳州和武汉项目主要依靠采用新的技术设备而产生技术效应来减污。其中,柳州项目的柳州化工股份有限公司采用具有自主知识产权的冷冻吸收和壳牌氨催化还原处理,实现排放尾气小于 200ppm,远低于国家排放标准要求;武汉项目的三金潭污水处理厂使用较先进的中温厌氧工艺处置剩余污泥。重庆项目主要强调公众参与和将生物多样性保护引入官员考核指标、增强政策效应,其中该项目的生物多样性教育普及村庄、大中小学、企业,涉及社会各个阶层。信阳项目则通过营造各类林木,扩大林木面积达到减污效应。

六、总体减污效果

这些环境援助项目的实施,改善了当地的水、大气、生态等环境,提高了居民生活水平,如表 4-5 所示。

表 4-5 项目总体减污效果

项 目	总体减污效果
信阳林业持续发展项目	乱砍滥伐现象有很大改观,森林资源得到有效保护;项目营造的林木的涵养水源、水土保持和防风固沙效应很高,自然灾害明显减少;空气质量总体上有明显改善
柳州市酸雨及环境污染综合治理项目	SO_2 浓度从 1996 年的 0.152mg/m^3 下降到 2009 年的 0.061mg/m^3,该市空气质量趋于好转,酸雨频率下降;市容、环境卫生好转,居民生活水平提升
重庆市生物多样性保护主流化与能力建设项目	该市森林、城市绿化面积逐年增加;长江、嘉陵江、乌江重庆段水质呈现稳定略升的趋势;大气环境总体改善
武汉污水处理项目	改善河流、湖泊水质,2004—2011 年,湖泊水质劣于Ⅳ类的湖泊数量从 37 个下降至 21 个,符合Ⅲ类的湖泊数量从 8 个上升为 17 个;改善饮用水的水质,降低了水生类疾病的患病率;遏制了河流生态系统恶化的趋势;改善长江流域的水质

（一）改善大气质量

柳州市酸雨及环境污染综合治理项目使 SO_2 浓度从 1996 年的 0.152mg/m³ 下降到 2009 年的 0.061mg/m³，空气质量趋于好转，酸雨频率下降。信阳林业持续发展项目实施后，该市二氧化氮（NO_2）总体浓度由 2002 年的 0.031mg/m³ 下降到 2008 年的 0.028mg/m³。

（二）改善水质

武汉污水处理项目的实施，2004—2011 年湖泊水质劣于Ⅳ类的湖泊数量从 37 个下降至 21 个，符合Ⅲ类的湖泊数量从 8 个上升为 17 个，并且改善了长江流域的水质。根据《长江流域及西南诸河的水资源公报》，2011 年长江流域Ⅰ、Ⅱ类水河长占评价河长的比率从 2001 年的 39% 上升至 44.2%。重庆项目的生物多样性保护成果也体现在水质改良。

（三）改善生态环境

信阳林业持续发展项目实施后，乱砍滥伐现象有很大改观，森林资源得到有效保护。并且营造林的涵养水源、水土保持和防风固沙效应很高，区内的自然灾害明显减少。重庆市生物多样性保护主流化与能力建设项目促使该市森林、城市绿化面积逐年增加。

（四）提高居民生活水平

武汉污水处理项目改善了饮用水的水质，从而降低了水生类疾病的患病率。柳州市酸雨及环境污染综合治理项目中针对酸雨改善效果的调查发现，近七成市民列举了"水源水质有了改善"，有超过半数的市民列举了"对身体的刺激减轻了"。

项目实施地环境的改善也与当地政府、企业、居民的其他努力分不开。武汉市水环境的变化除了亚行贷款项目的建设，市政府也实施建设"资源节约型、环境友好型社会""清水入湖"截污工程和"大东湖"生态水网构建工程等。柳州市仅在"十一五"期间，火电、冶金、造纸等行业的工业企业共投入 3.82 亿元，实施了 19 项二氧化硫减排工程。可见，环境状况改善是多种因素作用的结果，环境援助是其中因素之一。但是我们应看到，环境援助项目的实施，对强化政府环保政策、增强环保意识、带动环保投入等方面具有不可替代的催化作用和种子作用。柳州市酸雨及环境污染综合治理项目中，立冲沟生活垃圾卫生填埋场项目催生了垃圾发电项目的投资，带动了立冲沟生活垃圾填埋场沼气治理和循环利用清洁发展机制项目,该项目由深圳市信能环保科技有限公司投资4000万元。

七、主要结论及存在的问题

(一)主要结论

对 4 个环境援助项目进行案例研究,我们得到如下结论:

一是环境援助影响的作用机制明晰。环境援助项目的直接产出是建成环境保护基础设施、提高环境保护相关能力等;项目的实施带来环境技术进步、环境政策完善,产生了扩散效应、结构效应等间接效应,上述两者共同改善项目受援地乃至其他地区的环境。

二是对华环境援助的减污效果显著。通过跨案例分析,对华环境援助通过直接和间接两条途径,改善了水、大气、生态等环境,减少了自然灾害,提高了居民的生活水平。

(二)存在的问题

4 个项目的实施对中国减少污染排放、改善环境产生了积极效果,同时也存在提高减污效应的空间,一些问题需要克服与改进。

(1)项目资金的国内配套要求过高

对华环境援助项目均要求国内配套资金,配套比至少为 1,最高为柳州市酸雨及环境污染综合治理项目达 4.1,影响了地方政府及私人部门的积极性。信阳林业持续发展项目更是要求造林实体劳务折抵 1200.36 万元人民币(占项目总支出的 25%),无形中影响了林农参与项目的积极性,也妨碍了项目改善环境效果的提高。

与此相应地也出现了援助资金规模不足问题,以柳州酸雨项目为例,原计划总体费用为 4,168 百万日元(其中日贷 2,300 百万日元),实际投入了 11,762 百万日元(其中日贷 2,300 百万日元)。

(2)援助项目中技术援助和技术外溢不足

技术是解决环境问题的重要手段,中国与发达国家之间存在环境技术鸿沟,迫切需要更多技术援助提高减污效率。发达国家为保持其竞争优势,对环境技术扩散实施严格的控制,在对华环境援助上表现为提供资金的同时,不愿意提供技术;设备提供商提供设备但不提供关键技术。

重庆项目中由于技术不过关,导致南川木菠萝迁至繁殖基地的大苗移栽存活率低,最终造成了较大损失。柳州项目柳钢子项目引进德国五矿有限公司焦炉燃气的脱萘、脱硫净化装置,存在因外购液氨作为脱硫剂导致脱硫成本较高问题。武汉项目的三金潭污水处理厂中,设备提供方在设备安装、调试过程中还格外防范中方技术人员。在安装调试过程中,到关键的安装点,外方技术人员便支开中方协助者,阻隔了中方人员观摩学习的机会,不利于充分发挥项目建设的技术效应。为提高对华环境援助的减污效应,需要强化环境技术方面的援助。

(3)环境援助项目需要解决后续支持问题

环境工程项目是一个长期的系统工作,持续发挥其改善环境的作用也需后续支持环境项目为后盾。信阳林业持续发展项目完成后,林木生长周期远未完成,后续建设如林木补植补造、抚育间伐、"三防"等任务还很重。我们在调研中信阳市林业局和农户反映,需要后续的资金保障与技术指导,才能更好地保障林木的正常生长来达到项目的长远目标。

(4)援助项目的扩散效应仍待提高

对华环境援助不能代替中国环境治理的公共支出,其重要的功能在于通过示范作用,带动国内的环境治理投入、管理等。因此对华环境援助项目不应局限在某一个具体的项目上(点),而更应注重其对国内环境治理的示范作用,特别是推动中国环保制度建设中的作用(面)。而在环境援助项目的实施中,扩散效应有待提高。

首先,项目的宣传不够。我们到柳州环保局调研柳州项目时,环保局表示惊讶,因为该项目的宣传很少,而且项目早已完工,了解该项目的人不多。

其次,项目的扩散效应主要还局限在同类型产业。如到柳州项目立冲沟垃圾处理场参观学习的主要是广西境内的垃圾处理部门。而如何凝练项目成功经验、解决中国压缩型工业化中带来的环境问题,做得还不够。如目前城市雾霾问题严重,迫切需要借鉴柳州酸雨治理项目和武汉污水处理项目的相关成功经验。

(5)环境援助项目管理中存在国际化与本土化的适应性问题

国际环境援助项目进入中国,存在一个相互接轨和一体化的过程。这四个项目在实施过程中产生了诸多国际化与本土化的问题。

首先,援助项目批准前的准备周期长、准备成本高。以世界银行项目为例,一个项目被选中后,提交项目方案以供审核,世行就技术、机构、经济和财务等进行评估,得到好评的项目才进入双方谈判阶段,并签署合同。这一过程耗时 3 年左右,效率偏低。

其次,援助项目实施的交易费用高,包括设备采购过程复杂影响项目进展。设备采购金额在 50 万美元以上均采用申请—国际招标方式,所需时间比较长;部分涉农户项目采取先垫付后报账的方式,增加了参与公众的资金压力;采用最低成本的招标方式不利于保证项目建设质量,一些承包商为了中标,以低于成本价报价,导致项目质量难以保证。需要更灵活地使用和交付援助款项。

最后,项目计划与实际变化不适应。柳州项目的煤气供应子项目为应对原料价格的高涨及市场需求的变化,共变更 3 次设计计划,影响其减污效果的提升。

第二节　世界银行—信阳林业持续
发展项目的环境效应分析

一、本项目的研究基础

《世界银行贷款林业持续发展项目》是中国政府和世界银行 1999—2001 年三年项目滚动计划的项目,该项目于 2003 年 1 月 29 日启动,2009 年 8 月 31 日全面竣工,历时 6 年半时间,共利用世界银行贷款 0.93 亿美元,主要进行人工林的营造。项目共涉及我国 10 个省的 107 个县(市、区),河南省项目区又包括 13 个市 26 个县(市、区),信阳市为重要的项目参与市。林业作为生态环境建设的主体,不仅在生态安全中承担着核心作用,而且在应对气候变化、改善自然环境中发挥着特殊的作用。因此,林业优惠贷款是环境援助重要的组成部分。我们通过对世界银行林业持续发展项目在信阳的环境效应分析,探讨国际环境援助对中国环境的影响。

1990 年至今,世界银行对中国林业项目的贷款实施了四期❶,不少学者对相

---

❶ 世界银行对中国林业项目的四期贷款分别是一期"国家造林项目"、二期"森林资源发展和保护项目"、三期"贫困地区林业发展项目",四期为本研究项目。

关问题进行了研究。陈光辉(2006)、张国富(2009)、吉鹏飞(2010)等人对世行中国林业贷款项目的绩效进行了研究,建立起了从经济效益、社会效益、生态效益以及技术效应等多角度的综合绩效评价机制。邓鹰鸿(2001)、董晖(2002)、彭文胜(2009)、童德文(2010)等人对世界银行林业贷款项目的先进性进行研究,认为其先进性主要体现在社区林业评估方式、资金拨付的报账制度、以开展技术培训和推广实用技术为主的科技支撑模式以及将造林设计与环境保护融为一体的理念。卓卫华(2010)、张洪明(2003)、许正亮(2001)等学者指出了世界银行林业贷款项目存在的问题,认为其宽限期短,而林木经营周期长,两者的矛盾给林农还贷带来了困难;世界银行林业贷款项目复杂的程序一定程度影响了项目的执行效果,使林农积极性受损。可见现有对世界银行林业贷款项目的环境效果研究不多,尤其缺乏对林业项目环境效果的系统研究。

这里采用逻辑模型分析方法,以世界银行林业持续发展项目——河南省信阳市项目为研究对象,嵌入性地分析其中的两个子项目:平桥区人工林营造项目、罗山县人工林营造项目,从直接影响与间接影响两个渠道系统考察世界银行林业持续发展项目的环境效果。

二、项目的基本状况及其逻辑框架

(一)项目的背景

1998 年中国政府启动了"天然林资源保护工程"(简称"天保工程"),对来自长江上游地区、黄河上中游地区以及东北地区等 17 个省、724 个县、14 个自然保护区的 950 万公顷区域内的天然林实行停伐或减产。为缓解实施该工程后国内木材供需矛盾,也为受到停伐或减产影响的林场工人和农村居民创造新的就业机会和收入来源,中国政府与世界银行项目组进行磋商,于 1998 年 12 月将林业持续发展项目列入"中国政府和世界银行 1999 — 2001 年三年项目滚动计划"。2002 年 7 月 2 日中国政府与世界银行(国际复兴开发银行)签署《林业持续发展项目贷款协定(4659-CHA)》。

河南省是"天保工程"的重点省,需要多渠道筹集资金开展新造林活动。河南省人民政府向国家林业局申请实施"林业持续发展项目"并得到批准。

信阳市位于河南省南部,地处淮河上游、长江支流源头、大别山北麓,属于北亚热带向暖温带的过渡地带,气候适宜、雨量充沛、光照充足,适合多种林木生长,且山区和丘陵面积占总面积的75.4%,发展林业条件十分优越。在此背景下,河南省信阳市被国家林业局、河南省林业局批准实施世界银行贷款林业持续发展项目。

(二)项目概要

信阳市实施世界银行贷款"林业持续发展项目"是通过营造速生丰产用材林、发展经济林、进行苗圃育苗、开展幼林抚育工作,培育高质量人工林后备资源,以缓解河南省乃至全国实施"天保工程"后的木材供需矛盾,促进天然林保护和生物多样性保护,改善信阳市生态环境,同时增加农民的就业机会和经济收入。具体的项目信息详见表4-6。

表4-6 项目概要

贷款人	世界银行(国际复兴开发银行)	
贷款协议签字日期/贷款结束日期	2002年7月2日/2009年8月31日	
贷款条件	利息:利率以伦敦同业银行拆借利率为基准,每半年浮动一次;利息按美元货币收取	
	还款:贷款期限16年,其中包括7年的宽限期	
	先征费:贷款生效时,按贷款总额的1%收取先征费;费用由世界银行从贷款账户中扣除	
	承诺费:对贷款未使用部分,每年收取0.75%的承诺费	
转贷人	河南省财政厅	
借贷人	信阳市人民政府	
转贷金额	291.64万美元	
转贷协议签字日期/转贷结束日期	2002年12月/2009年8月31日	
项目执行机构	信阳市林业局	
项目启动日期/结束日期	2003年1月29日/2009年8月31日	
项目总成本(未包括息县的投资)	583.48万美元	4842.93万元人民币
	世行贷款291.64万美元	世行贷款2420.65万元人民币
	国内配套147.22万美元	国内配套1221.92万元人民币
	单位自筹144.62万美元	单位自筹1200.36万元人民币

续表

贷款人	世界银行（国际复兴开发银行）	
相关调查	项目预评估：2000 年 5 月	
	项目正式评估：2001 年 2—4 月	
关联项目	项目"保护地区管理部分"：全球环境基金赠款	
	项目"天然林管理部分"：欧盟贷款	

资料来源：国家林业局世界银行贷款项目管理中心：《世界银行贷款林业持续发展项目人工营造林部分竣工报告》，中国质检出版社 2011 年版，第 3、5、125 页；卓卫华：《河南省世界银行贷款林业持续发展项目探索与实践》，黄河水利出版社 2010 年版，第 4、332 页；罗山县世行贷款"林业持续发展项目"竣工报告第 3、9 页；平桥区世行贷款"林业持续发展项目"竣工报告第 2 页。

（三）研究的逻辑框架

采用的逻辑框架是通过世界银行林业贷款，产生直接的产出（速生丰产用材林、经济林、苗圃），同时通过项目的实施还产生了技术效应、观念效应和结构效应三类长期持久的间接效应，两者共同促进信阳市林业持续发展，改善信阳市的环境状况。（具体见图 4-2）

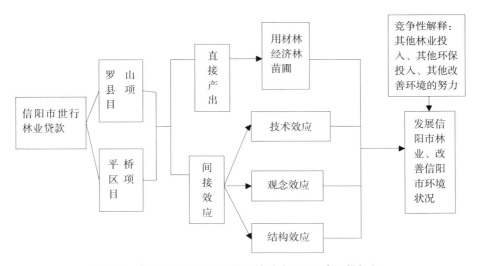

图 4-2 《世界银行—信阳林业持续发展项目》逻辑框架

三、项目的投入与产出

(一)信阳市人工林营造项目整体情况

信阳市项目❶共投入资金 4842.93 万元人民币,其中世行贷款 2420.65 万元人民币,占 50%,国内配套 1221.92 万元人民币,占 25%,造林实体劳务折抵 1200.36 万元人民币,占 25%。项目投入的资金主要用于营林工程建设以及购买造林所需化肥、农药、设备。(具体见表 4-7)

表 4-7 项目投资来源统计表

(单位:万元人民币)

县、区	合　计	世行贷款	国内配套	劳务折抵
罗山县	1661.49	812.15	424.67	424.67
平桥区	1416.85	726.21	356.10	334.54
淮滨县	1764.59	882.29	441.15	441.15

资料来源:卓卫华:《河南省世界银行贷款林业持续发展项目探索与实践》,黄河水利出版社 2010 年版,第 332 页;罗山县世行贷款"林业持续发展项目"竣工报告第 9 页;平桥区世行贷款"林业持续发展项目"竣工报告第 2 页。

项目实施期为 2003 年 1 月 29 日至 2009 年 8 月 31 日,实际造林时间从 2003 年至 2007 年。信阳市项目共完成造林 10991.6 公顷,其中新造用材林 7210.8 公顷,经济林 1699.3 公顷。用材林以欧美杨为主,经济林以板栗、桃、石榴为主。(见表 4-8、图 4-3、图 4-4)

表 4-8 分年度造林面积统计表

(单位:公顷)

县(市、区)	合计	2003 年	2004 年	2005 年	2006 年	2007 年
平桥区	2778.5	654	784.5	483	565	292
罗山县	2086.6	1035.8	596.8	454		
淮滨县	4045.1	818.1	760	871	596	1000
息　县	2081.4				1781.4	300
信阳市	10991.6	2507.9	2141.3	1808	2942.4	1592

资料来源:卓卫华:《河南省世界银行贷款林业持续发展项目探索与实践》,黄河水利出版社 2010 年版,第 34 页。

---

❶ 2003 年 1 月 29 日项目启动时,信阳市只有罗山县、平桥区与淮滨县参与项目。2005 年息县经过国家林业局世界银行贷款管理中心批准成为项目实施单位,并于 2006 年、2007 年进行人工造林活动。由于息县实施项目时间较短且相关信息不完整,下文对信阳市项目的整体投入产出情况的分析未将息县纳入。

（单位：公顷）

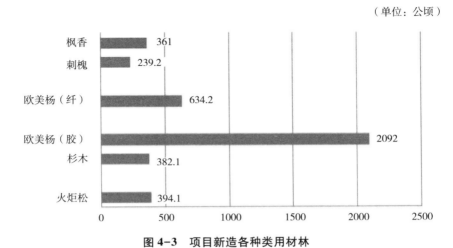

图4-3 项目新造各种类用材林

资料来源：卓卫华：《河南省世界银行贷款林业持续发展项目探索与实践》，黄河水利出版社2010年版，第329页。

（单位：公顷）

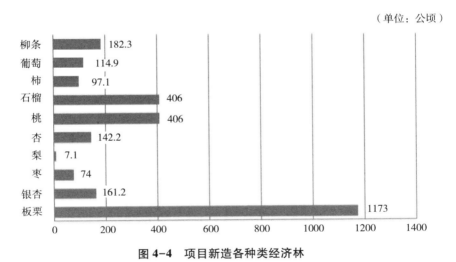

图4-4 项目新造各种类经济林

资料来源：卓卫华：《河南省世界银行贷款林业持续发展项目探索与实践》，黄河水利出版社2010年版，第329页。

（二）信阳市人工营造林子项目情况

在信阳市参与林业持续发展项目的四个区县中，平桥区、罗山县属于丘陵、山地地带，更适合发展林业，被信阳省确定为重点林业区县。罗山县和平桥区两个子项目的投入、产出具体状况如表4-9所示。

表 4-9 罗山县、平桥区子项目投入—产出

子项目	实际投入（万元人民币）		产　出
	项目总投资	世行贷款	
平桥区人工营造林项目	1416.85	726.21	完成造林面积 2778.5 公顷,其中用材林 2060.1 公顷,经济林 718.4 公顷
			用材林中火炬松 177.4 公顷、欧美杨(纤)360.1 公顷、刺槐 239.2 公顷、枫香 165.5 公顷
			经济林中板栗 450 公顷、银杏 7.7 公顷、枣 74 公顷、杏 121.6 公顷、桃 145 公顷、石榴 406 公顷、柿 33.9 公顷、葡萄 5.6 公顷、柳条 17.9 公顷
			完成幼林抚育面积 2778.5 公顷,其中火炬松 177.4 公顷、杨树 360.1 公顷、刺槐 239.2 公顷、枫香 165.5 公顷、板栗 450 公顷、银杏 7.7 公顷、枣 74 公顷、杏 121.6 公顷、桃 145 公顷、石榴 406 公顷、柿 33.9 公顷、葡萄 5.6 公顷、柳条 17.9 公顷
			建造护林棚 14 个
罗山县人工营造林项目	1661.49	812.15	完成造林面积 2086.6 公顷,其中用材林 1180.5 公顷,经济林 906.1 公顷
			用材林中火炬松 216.7 公顷、杉木 382.1 公顷、欧美杨(纤)274.1 公顷、枫香 195.5 公顷
			经济林中板栗 723 公顷、银杏 153.5 公顷、梨 7.1 公顷、杏 20.6 公顷、桃 32.5 公顷、柿 63.2 公顷
			扩建罗山县兴林中心苗圃
			土建工程:苗圃面积 42 公顷、土壤改良面积 6 公顷、采穗圃 2 公顷、日光温室 375 平方米、塑料大棚 477 平方米、管护房 800 平方米、围墙 2 千米、架电 3 千米、道路 3 千米、渠道 2 千米、机井 10 眼
			苗木生产:育苗面积 35.4 公顷、苗木年产量 141 万株
			累计裸根苗产量 193 万株,其中板栗 93 万株、木瓜 50 万株、马褂木 30 万株和柿子 20 万株;累计无性系苗产量杨树 195 万株;其他育苗 216 万株
			抚育面积 5323.07 公顷
			营建护林棚 29 个、林道 215 公里、防火线 23 公里

资料来源:卓卫华:《河南省世界银行贷款林业持续发展项目探索与实践》,黄河水利出版社 2010 年版,第 123、329 页;罗山县世行贷款"林业持续发展项目"竣工报告第 9、45 页;平桥区世行贷款"林业持续发展项目"竣工报告第 2、7 页。

四、项目的直接环境效应

项目的这些产出形成了直接的环境效果,体现在如下三方面:

(一)增加后备森林资源,缓解天然林保护压力,减少过度采伐现象

在项目实施期内,罗山县新造用材林 1180.5 公顷,以 20 年为经营期,累计可生产商品材 16.54 万立方米、薪材 19100 吨;平桥区共营造面积 2060.1 公顷用材林,经营期内累计可生产木材 31 万立方米、薪材 34054 吨。项目新增的商品林供应能够缓解河南省甚至全国的木材供需矛盾,生产的薪材也能缓和项目区燃料紧缺的局面,减少当地村民过度采伐现象,巩固了"天然林资源保护工程"的成果。

(二)引进优良新品种,增加生物多样性

本项目的实施,罗山县和平桥区引进了一批优良新品种。罗山县引进了火炬松、杉木、枫香、香椿良种,采用了中林 46 杨、2001 杨、意杨 69、72 杨、南林 35 杨、数北茶等 10 多个优良无性系品种以及美国黑李、大石早生李、密思李、日本甜柿、冬枣、雪枣、梨枣、豫罗红、689 栗、家佛指等优良杂果品种。平桥区引进了中林 46、欧美杨 107、108 号、信阳五月鲜桃、曙光油桃、突尼斯软籽、红玛瑙、玉石籽、大青皮、泰山红、豫板栗 2 号、冬枣等新品种。项目实施后,项目区用材林树种和经济林品种明显增加,丰富了当地的生物多样性。

(三)提高森林覆盖率,发挥森林的生态效应

项目大面积营造人工林使项目区的森林覆盖率增加。2002 年罗山县森林覆盖率为 32.5%,项目实施后的 2008 年增加到 35.2%。平桥区通过实施林业持续发展项目使区内的森林覆盖率增加了 2.08%,2008 年森林覆盖率达到 18.6%。森林覆盖率的增加不仅美化了环境,而且也改善了生态环境。

国家"九五"课题"林业生态工程管理信息系统、效益观测与效益评价技术研究"结果表明,中国主要森林类型的生态效益主要包括涵养水源、水土保持、净化环境、吸收二氧化碳与释放氧气、改善小气候和减轻水旱灾害。这里借鉴上述生态效益指标对平桥区和罗山县人工林营造项目进行分析。

(1)涵养水源效应

根据李高阳(2008)的测算结果,666.7 万公顷森林涵养的水源量相当于 1×10^6 立方米容量的水库,❶那么罗山县项目新造林 2086.6 公顷,增加的水源涵养

---

❶ 李高阳:《河南省林业生态效益评估》,《安徽农业科学》2008 年第 1 期,第 541 页。

量相当于 313 立方米容量水库;平桥区项目完成造林 2778.5 公顷,能增加水源涵养量 417 立方米。

（2）水土保持效应

水土保持效应包括减少水土流失和保持土壤肥力两方面的效果。这里参照李高阳（2008）的估算方法,减少的水土流失量＝有林地与无林地侵蚀量的差×有林地面积,有林地比无林地减少的侵蚀量为 0.003685 吨/平方米,❶根据以上公式,罗山县项目造林能减少 7.6 万吨水土流失量,平桥区项目造林减少水土流失量为 10.2 万吨。

保持土壤肥力效应主要衡量流失水土中所含氮、磷、钾等主要土壤养分量。林地土壤中氮、磷、钾的含量分别为 0.370%、0.108%、2.239%,❷罗山县项目造林能减少氮流失量 281 吨、磷流失量 82 吨、钾流失量 1702 吨;平桥区项目造林减少氮流失量 379 吨、磷流失量 110 吨、钾流失量 2284 吨。

（3）净化空气效应

信阳市属温带落叶阔叶林气候向亚热带常绿阔叶林气候的过渡地区,绝大多数为阔叶林。阔叶林的滞尘能力为 10.11 吨/公顷,森林吸收二氧化硫能力为 0.15213 吨/公顷。❸ 根据以上数据,罗山县新增造林能够吸收灰尘 2.1 万吨、二氧化硫 317 吨;平桥区新增造林能够吸收灰尘 2.8 万吨、二氧化硫 423 吨。

（4）吸收二氧化碳与释放氧气效应

森林蓄积量吸收二氧化碳的量为 0.11 吨（立方米·年）,二氧化碳转化为纯碳率为 12/44,森林蓄积量放出的氧气量为 0.082 吨（立方米·年）。❹ 根据以上数据,罗山县项目新增木材蓄积为 21.15 万立方米❺,每年可吸收二氧化碳 2.33 万吨,释放氧气 1.73 万吨,固碳 6355 吨。平桥区项目新增造林每年可吸收二氧化碳 4.3 万吨,释放氧气 3.21 万吨,固碳 11727 吨。

---

❶ 李高阳:《河南省林业生态效益评估》,《安徽农业科学》2008 年第 1 期,第 541—542 页。
❷ 李高阳:《河南省林业生态效益评估》,《安徽农业科学》2008 年第 1 期,第 542 页。
❸ 李高阳:《河南省林业生态效益评估》,《安徽农业科学》2008 年第 1 期,第 542 页。
❹ 李高阳:《河南省林业生态效益评估》,《安徽农业科学》2008 年第 1 期,第 542 页。
❺ 罗山县世行贷款"林业持续发展项目"竣工报告第 19 页。

表 4-10　罗山县、平桥区子项目的直接环境效应

项目环境效应	平桥区人工营造林项目	罗山县人工营造林项目
增加森林资源	新造用材林 2060.1 公顷,累计可生产商品材 31 万立方米,薪材 34054 吨	新造用材林 1180.5 公顷,累计可生产商品材 16.54 万立方米,薪材 19100 吨
增加生物多样性	引进中林 46、欧美杨 107、108 号、信阳五月鲜桃、曙光油桃、突尼斯软籽石榴、红玛瑙石榴、玉石籽石榴、大青皮、泰山红、豫板栗 2 号、冬枣等 10 多个新品种	引进火炬松、杉木、枫香、香椿良种,中林 46 杨、2001 杨、意杨 69、72 杨、南林 35 杨、薮北茶等 10 多个优良无性系品种以及美国黑李、大石早生李、密思李、日本甜柿、冬枣、雪枣、梨枣、豫罗红、689 栗、家佛指等优良杂果品种
涵养水源效应	增加水源涵养量 417 立方米	增加水源涵养量 313 立方米
水土保持效应	减少水土流失量为 10.2 万吨	减少 7.6 万吨水土流失量
	减少氮流失量 379 吨、磷流失量 110 吨、钾流失量 2284 吨	减少氮流失量 281 吨、磷流失量 82 吨、钾流失量 1702 吨
净化环境效应	吸收灰尘 2.8 万吨、二氧化硫 423 吨	吸收灰尘 2.1 万吨、二氧化硫 317 吨
吸收二氧化碳、释放氧气效应	每年可吸收二氧化碳 4.3 万吨,释放氧气 3.21 万吨,固碳 11727 吨	每年可吸收二氧化碳 2.33 万吨,释放氧气 1.73 万吨,固碳 6355 吨

数据来源:根据下列资料计算:罗山县世行贷款"林业持续发展项目"竣工报告第 4、8 页;平桥区世行贷款"林业持续发展项目"竣工报告第 11、12 页。

从罗山县和平桥区两个子项目来看,所有这些直接环境效应可归纳为表 4-10。

五、项目的间接环境效应

项目实施促进了项目区的林业技术进步、林业结构的优化以及社会环境意识的提高,体现出了间接改善环境的技术效应、观念效应和结构效应。

(一)技术效应

科技推广与培训是本项目的重要组成部分和实施内容。在项目实施期间,信阳市各项目县、区以聘请专家授课、现场示范操作和放映幻灯片进行集训为主要形式,进行县级培训 169 次,乡级培训 556 次,累计培训 36315 人。此外,罗山县、平桥区和淮滨县共编发 20 种林业技术丛书及音像制品,约 18000 册、盘。活动的成效主要体现在以下三方面:

（1）引进并推广了多项先进的实用林业技术

罗山县利用县区鸟类资源丰富的优势,开展益鸟招引,在项目主要林区悬挂鸟巢,以鸟治虫,用以防治火炬松和杉木中的马尾松毛虫和杉肤小蠹虫。此方法的采用不仅取得了预期的防治效果,而且最大程度减少了使用化学药剂对环境的污染。平桥区通过世行项目从中国农业科学院郑州果树研究所引进了"石榴良种光雾工厂化快繁技术"。该技术利用"国繁1号"生根剂促进石榴嫩枝快速生根,利用人棚、微管喷雾形成石榴嫩枝扦插所需要的高温、高湿度和光照环境,促进石榴嫩枝快速繁殖。

（2）提高了林农的营林技术水平

本项目将科技推广与培训作为项目建设的重要组成部分,尤其注重对林农的培训。项目竣工后,罗山县项目办对项目农户进行了调查。从调查问卷的情况来看,项目农户都参加了4—6次的培训;培训方式主要包括现场培训、发放材料、音像广播多种;培训的内容包括育苗、整地、栽植、抚育管理、修枝整形、病虫害防治,基本涵盖了营林的所有环节。农户表示通过科技推广与培训活动,已基本掌握了如何科学、合理、环保地造林。

（3）造就了营林农民专家

以平桥区胡店乡龙岗村农民戚永祥为例,他于2003年参加了世行项目,选择建造石榴丰产园。通过项目的科技推广与培训活动,他学会了科学化、精细化地栽培与管理石榴园。其47.1公顷的石榴园全部按照项目的要求,坚持"高起点建园、高标准规划",严格执行"石榴丰产栽培技术规程",并实行挂卡建档管理。石榴开始挂果的当年他纯收入已达到11万元。同时他不断创新,2005年他培育的12株石榴——"豫南石榴1号"被运往中南海。目前他的永祥石榴基地已发展成面积500亩的省级综合生态农业标准化示范区,形成集石榴种植、贮藏、加工、销售为一体的产业体系,成为全国石榴产业的龙头。

（二）观念效应

（1）提高了林农造林的环境保护意识

世行林业持续发展项目是我国林业世行贷款项目中第一个列为A类环评的项目。项目要求严格执行"环境保护规程"和"病虫害管理计划",从林地的选择与布局、造林树种的选择与配置、造林地清理与整地,到幼林抚育、病虫害防治、采伐更新以及林道建设等施工环节,均提出了明确的环境保护措施。通过学习和实施环境保护技术,培养了林农的环保意识。在罗山县林业局调研访谈时,王主任谈到,本项目之后其他造林活动中,农户依然按照环境保护规程的要求进行造林,这种造林环保模式已完全延续下来。

(2)提高了政府对林业生态环境效应的认识

项目的实施提升了政府对林业生态环境效应的认识,提高了政府对植树造林、改善生态环境的重视程度,不断出台相关政策加强生态林业建设。平桥区政府通过参与本项目,增加了对林业碳汇效应的认识,2009 年平桥区政府参与“欧洲投资银行河南省碳汇造林项目”的申请得到批准,同时政府还为全区争取到中国绿化基金会 80 万元投资创办碳汇平桥示范基地,平桥区也成为“全国首批碳汇基金造林试点示范县”。截至 2012 年,平桥区已建成百亩以上碳汇林业精品示范园 100 余处,完成碳汇造林 20 万亩。

为充分利用林业作为天然绿色屏障的功效,2008 年罗山县政府打造以高端苗木花卉为主的环城万亩生态示范园。罗山县政府通过创新土地流转机制,吸纳民营企业和社会资金,三年时间建成了豫南最大的标准化生态苗木基地,打造了标准化行道树基地、地被植物基地和观赏竹基地共 2200 亩。罗山县环城万亩生态示范园极大地改善了城乡的生态环境,俨然成为环绕城区的天然绿色屏障,当地人形象地称之为“罗山的后花园”。

（三）结构效应

本项目的实施,增加了信阳市林业总产值,[1]优化了信阳市林业结构,推动了信阳市林业产业的发展。在优化林业结构方面,主要表现为:

(1)苗圃建设完善林业基础

2003 年至 2004 年项目投资 153.73 万元对罗山县中心苗圃进行了扩建。扩建后,苗圃规模扩大到 42 公顷,年均育苗面积增至 35.4 公顷。中心苗圃现有各类绿化苗木品种 200 多个、数量 100 多万株,年出圃各类苗木 50 多万株,为信阳市乃至全国城镇绿化提供了物质基础。

(2)新品种引进优化林木品种结构

项目在平桥区推广了中林 46、欧美杨 107、欧美杨 108 号杨树品种。这三个品种具有生长速度快、纤维长度好、耐寒、抗旱、抗病虫的优点,适合地处暖温带

---

[1] 2003 年,林业增加值仅为 7.98 亿元,2009 年增加到 16.15 亿元,为 2003 年的两倍。

与亚热带交界区的信阳市杨树害虫种类多、危害大的特点。在经济林方面,平桥区引进了信阳五月鲜桃、曙光油桃、突尼斯软籽、红玛瑙、玉石籽等优良品种。信阳五月鲜桃是信阳市林科所和平桥区林业局历时 10 余年从普通五月鲜桃中选育的芽变单株,具有果色红艳、果肉浓红、肉质柔软、甜而多汁、高糖低酸、离核等优良品质。杨树、石榴、五月鲜桃与茶叶和花卉共列为平桥区五大特色产业。

(3)环城万亩生态示范园建设、林下经济发展推动林业产业生态化

罗山县利用自身苗木花卉产业的优势,打造了环城万亩生态示范园。目前其标准化行道树基地可实现年产值 3800 万元;地被植物基地年产地被植物 100 万株,可实现产值 50 万元;观赏竹基地年出圃苗木 10 万株,可实现产值 60 万元。同时,依托环城万亩生态示范园,罗山县将苗木花卉产业的产业链进行延伸,开发了生态休闲观光和生态文化展示等项目,引导林业产业向第三产业发展,推动了林业的生态化。

项目在平桥区洋河镇陆庙村实行了林茶间作的新型生态营林模式。项目实施后,平桥区将林茶间作模式进行推广,发展成为集林粮、林畜、林禽、林药、农家乐、游玩采摘、休闲度假、生态服务为一体的立体复合生产经营模式,称之为"林下经济产业"❶。根据 2012 年信阳市林业局调研组对平桥区林下经济进行调研的结果,平桥区的林下经济面积 12.15 万亩,占林地总面积的 26.69%。林下经济实现了农林牧资源共享、循环发展,也促进了林业产业的第三产业化,推动了平桥区林业的生态化。

六、项目的总体环境效果

(一)保护森林资源

项目营造的人工林为木材市场提供大量的商品材,也为当地农户提供了薪材,因而减轻了天然林保护以及国有林场采伐的压力。同时,项目实施后,政府更加重视城市的林业生态环境,加强森林资源保护和管理,信阳市的乱砍滥伐现象得到很大改观。2001 年信阳市查处的林业行政案件中,盗伐 6 起,滥伐 119 起,乱收滥购木材 105 起。2004 年后,乱砍滥伐现象得到有效制止,没有重大乱

❶ 赵雪峰:《平桥区林下经济苗壮成长》,《信阳日报》2012 年 10 月 1 日。

砍滥伐、乱占林地和毁林事件发生,并且凭证采伐制度执行得较好,林木凭证采伐率达95%左右。同时,使用森林限额的比例也明显下降,项目实施前达50%(特别是1998年,采伐林木占采伐限额的65.4%);项目实施后,基本只使用13%的采伐限额。❶ 大量森林资源得到了保护。

(二)减少自然灾害

项目营造的林木很好地发挥了涵养水源、水土保持和防风固沙功能。项目实施后,信阳市项目区内的自然灾害明显减少。平桥区邢集镇高堰村老虎洞林场,面积近千亩。项目实施之前,林场地貌为岩石裸露的荒山。2003年林场实施了世行项目,栽植了火炬松,点了橡子,荒山变成了郁郁葱葱的树林。老虎洞林场一位林农说:"原来经常发生山体滑坡和泥石流,自从建造了项目林,这种情况少多了!"❷

项目的实施也减轻了淮河沿岸乡镇因洪水带来的灾害。项目在沿淮河岸造林约1000公顷,根据淮河水文部门监测,项目实施后使每年进入淮河信阳段的泥沙量减少了57%,水土流失量普遍下降30%以上。

项目成片造林还能减少风力给农田带来的灾害损失。罗山县铁铺乡易棚村处于丘陵山区,风口较多,每年5—8月正是水稻生长快和收获的季节,风力大造成15%的水稻倒伏。参与林业持续发展项目后,仅2003年新造林木达34.5公顷,使水稻倒伏率降低了30%,有效保护了农田。

(三)改善空气质量

森林具有很强的净化空气的功能。本项目在信阳市共营造人工林10991.6公顷,若以罗山县的林木结构来计算,项目新造林每年可吸收二氧化碳17万吨,释放氧气12.68万吨;以平桥区的林木结构计算的话,每年可吸收二氧化碳12.26万吨,释放氧气9.14万吨。此外,项目造林可吸收灰尘11万吨,相当于8.5个信阳市2011年粉尘的排放量;吸收二氧化硫1672吨,相当于信阳市2011年二氧化硫总排放的4%。因此,世行林业持续发展项目为信阳市大气环境的改善作出了巨大贡献。

同时,在信阳市政府进行大气污染防治工作的共同努力下,信阳市的空气质

---

❶ 数据来源于信阳年鉴1999—2009年。

❷ 杜君、范增伟:《外资造林助力生态中原"绿色增长"》,《河南日报》2012年9月25日。

量明显改善,具体改善状况如表 4-11 所示。

表 4-11　2002—2008 年信阳市大气污染物年平均质量浓度

年　度	2002	2003	2004	2005	2006	2007	2008
TSP/PM10(mg/m^3)	0.188	0.176	0.097	0.102	0.073	0.081	0.068
SO$_2$(mg/m^3)	0.019	0.024	0.044	0.041	0.028	0.028	0.026
NO$_2$(mg/m^3)	0.031	0.034	0.034	0.031	0.019	0.024	0.028

资料来源:2002—2008 年信阳市环境状况公报。

注:1. TSP:指总悬浮颗粒物(简称 TSP)飘浮在大气中,在大气动力学上直径≤100 微米的颗粒物。

2. PM$_{10}$:可吸入颗粒物(Particular matter less than 10μm),漂浮在大气中,大气动力学上直径≤10 微米的颗粒状物。信阳市从 2004 年开始用该指标代替了 TSP 指标。

上述环境效应的产生也有信阳市林业生态建设项目的贡献。林业生态建设项目具体包括九大林业生态工程和五大林业产业工程的建设,❶于 2008 年正式启动,截至 2010 年,信阳市完成项目投资 21468.6 万元,造林 159.38 万亩。信阳市林业生态建设项目对信阳市环境也产生了积极影响,但仍可归因于本项目。首先,本项目的执行期是 2003 年 1 月 29 日至 2009 年 8 月 31 日,但造林活动到 2007 年结束,这里对这一项目环境效应的分析最晚至 2008 年,信阳市林业生态建设项目从 2008 年开始,重合的时间仅一年。其次,若以 2002 年到 2007 年分析世行项目的环境效应,结果仍是肯定的。如森林覆盖率由 2002 年的 26.2%,上升到 2007 年的 32%,大气中可吸入颗粒物浓度和二氧化氮浓度分别从 2002 年的 0.188mg/m^3、0.031mg/m^3 下降到 2007 年的 0.081mg/m^3、0.024mg/m^3。另一方面,本项目对信阳林业生态建设项目有一定的推动作用。世行项目提高了政府对林业生态环境效应的认识,形成了启动信阳林业生态建设项目的共识。从时间上看,林业生态建设项目也可以看作是世行项目的延续。

---

❶ 九大林业生态工程包括退耕还林工程、长江淮河流域防护林工程、自然保护区、国家林场建设及野生动植物保护工程、山区(丘岗)生态林建设工程、城市林业生态建设工程、村镇绿化工程、森林抚育与改造工程等,五大林业产业工程包括茶产业、花卉苗木产业、森林生态旅游产业、速生丰产用材林及工业原料林以及经济林基地建设。

七、主要结论及存在的问题

（一）主要结论

（1）项目的实施改善了信阳市的环境状况

本项目营造了大量高质量的人工林，增加了后备森林资源，减少信阳市乱砍滥伐现象，保护了天然林资源。人工林的营造使信阳森林覆盖率增加，森林的涵养水源、水土保持、净化空气、碳汇效应得以更好地发挥，减少了信阳市水土流失、山体滑坡、洪灾、大风等自然灾害的发生及损害，同时为信阳市大气质量的改善作出了巨大贡献。

（2）项目的实施促进了林业技术的进步

本项目引入并推广了多项实用、先进的林业科技成果，在增加项目科技含量的同时，提高了项目区的林业技术水平。如平桥区引进的"石榴良种光雾工厂化快繁技术"，成功地解决了传统的露地扦插育苗方法繁殖周期长和繁殖系数低的技术难题。项目建立了一套面向农户的科技推广与培训模式，该模式通过对林农进行多形式的科技培训，使他们普遍掌握了科学、环保、高效的营林技术，并培育了一批林业农户专家，为林业建设储备了人才。

（3）项目的实施提高了政府和林农的生态环境保护意识

项目的实施要求严格执行"环境保护规程"，同时项目营造的大量高质量人工林使林业的生态环境效应显现。通过项目的成功实施，使林农增加了造林的环境保护意识，多数造林环境措施均被林农接受并沿用。项目使政府提高了对林业生态环境效应的认识，他们更加积极地推动本地区林业生态建设。平桥区成为全国首个进行碳汇造林的县区；罗山县打造了环城万亩生态示范园，为全县创造了一道天然绿色屏障。

（4）项目的实施促进了林业结构的优化

项目的实施促进了信阳市林业的发展，并引导项目区进行林业结构的优化调整。苗圃建设完善了林业基础，推动了项目区的苗木产业发展。新品种的引进优化了林木品种结构，创造了项目区的林业特色。

（二）存在的问题

（1）国内配套资金比例过高

国际林业贷款的投入通常要求国内提供一定比例的配套资金，配套的主体包括省、市、县、造林实体四级，并且考虑到造林实体（林农）的经济能力，造林实体的投入通常全部以劳务折抵。世行林业持续发展项目要求国内配套 50% 的资金，其中省级配套 10%，市、县两级配套 15%，造林实体 25%。项目国内配套的资金比例过高，而信阳市参与项目的县、区经济落后（淮滨县为国家级贫困县，罗山县和息县为省级贫困县），市、县两级配套比例与财政能力不符。因而在项目实施期间，由于配套资金不足，罗山县和平桥区均对参与项目乡进行了调整，调整为具有一定经济实力、林业基础较好的乡镇。

（2）提款报账程序多，要求高

世行贷款项目的提款报账需要经过多层级的报账审核流程，相应地报账环节多、周期长，验收合格的项目资金不能及时兑现给造林实体，给后续工作造成了资金压力，也有损林农的积极性。另一方面，世行贷款项目提款报账的审核与造林质量联系，而项目质量的验收亦是多级、分工序、分阶段检查验收。严格的检查验收与报账审核给资金的回补增加了风险。罗山县和平桥区两个子项目的世行贷款资金均未实现完全报账，尤其是罗山县兴林中心苗圃的扩建部分，实际完成世行贷款的报账金额仅为计划的 71.3%。这对造林目标的完成产生了负面影响。

（3）项目对自然灾害的风险考虑不足

林业的建设周期长，一般用材林 20 年、经济林 16 年，在经营期间遭遇风险的可能性大。在项目实施期间，罗山县和平桥区遭遇了特大暴雨和持续冰雪的天气，造成大面积项目林损毁。2007 年 7、8 月的水灾导致罗山县项目幼林 240.7 公顷的损毁；2008 年因雨雪冰冻天气，罗山县项目损失幼林 1625 公顷，其中重度受灾 229 公顷。自然灾害使项目区林农经济损失较大，虽然最终世行给予了部分债务减免，却严重损伤了林农利用世行贷款发展林业的积极性，影响造林效果。

（4）项目林的后续管护不到位

"三分栽植，七分管护"是林业产业最真实的反映，后续管护到位才能保证产出、提高效益。根据 2008 年 7、8 月世行林业持续发展项目幼林的质量摸底调查结果，罗山县和平桥区项目幼林中三类林比例偏高，原因在于自然灾害与后续管护粗放。世行项目在时间安排上虽然规定了幼林抚育期（平桥区项目抚育期两年，罗山县项目从 2005 年就开始完全进入幼林抚育阶段），但是没有给予任何的资金支持，后续资金不足制约了后期的抚育管理。

第三节 日本—柳州酸雨及环境污染综合
治理项目的环境效应分析

一、本项目的研究基础

《柳州市酸雨及环境污染综合治理项目》是第四批日本海外经济协力基金❶ 贷款备选项目,是中国政府利用日元贷款实施环境治理工程的首批项目之一,贷款额度约为 1 亿美元。该项目 1996 年 10 月开始实施,原计划 2001 年 12 月结束,由于不可抗拒的外部因素(中国相关环境标准的变化),项目最终于 2009 年 11 月完工。为有效评价该项目并为今后同类项目的开展提供借鉴,有必要对该项目的减污效应进行深入的研究。与项目完工评估不同,这里侧重分析环境方面的评价,遵循的是投入—产出—环境的逻辑框架。

随着日本对华援助的重点从基础建设向环境转变,有关日本对华环境援助的研究不断增加,具体体现在几个方面。一是关于中日环境合作的意义,龚耀飞(2009)从国际关系的视角,认为中日环境合作在战略上具有互惠性,地理位置接近形成共同环境利益,环境合作可带来巨大的经济利益及增强互惠双赢的政治效果;贾越、李霞(2010)认为,中日环境合作对推动中国完善环境管理制度和促进环境基础建设等具有重要作用。二是关于中日环境合作存在的问题,周永生、丁安平(2009)提出合作的方向要配合中国政府的环境治理重点、修改日本对中国高技术出口限制政策等;余维海(2006)认为,中日环境合作受到两国不同环保政策导向、政治关系的影响,合作的资金和技术规模有待扩大;Katherine Morton(2005)从环境能力角度出发,认为日本处理对华环境援助的主要对象(污染企业)时,没有考虑到企业的重组问题;Richard Drifte(2002)认为,中日韩在东北亚区域中跨境污染治理面临政治、经济的困扰,导致合作程度仍然相当低。三是关于中日环境合作的未来方向,唐丁丁(2010)指出中日两国应加强在低碳经济中的合作,积极发挥"沈阳川崎环境友好型城市项目"的示范作用,探索低碳经济发展的新机制。可见,现有研究均主要从国际关系的视角,对援助的环境效

---

❶ 成立于 1961 年的海外经济协力基金与日本输出入银行于 1999 年合并为日本国际协力银行(Japan Bank for International Cooperation,JBIC),作为政策银行负责日本贷款。

果的研究很少。研究方法主要是总体分析,深入、规范的案例分析不多。在此以案例分析考察日本对华环境援助的减污效果,弥补这方面研究的不足。

以《柳州市酸雨及环境污染综合治理项目》进行案例分析,主要通过实地调研、案卷研究、互联网检索等方法,采用投入—产出—环境影响的逻辑框架,探讨该项目的环境效应。分析单位包括本项目的四个子项目:煤气供应项目、垃圾处理场项目、柳州化肥厂排气对策项目、柳钢焦煤燃烧脱硫项目。

二、项目的基本状况及其逻辑框架

(一)项目背景

煤和石油等化石在燃烧过程中排放硫氧化物和氮氧化物,它们相互反应生成硫酸和硝酸。该酸性物质随雨雪等降落到地面,从而形成酸雨。柳州市地处亚热带,年平均气温为 20.4 度,年均降水量为 1400—1500mm,冬季的主导风向为北风,夏季则为南风。该市是广西最重要的工业城市,主要产业为钢铁、汽车等,属于高载能产业,且主要布局在北部。柳州市原来能源以广西本地的高硫煤为主❶,加上该市四面环山的地形结构导致空气不易流通,从而形成酸雨。根据环保部门监测,1986 年柳州市大气中 pH 值年平均为 4.25,SO_2 浓度高达 0.254mg/m^3,高于国家二级标准的 3 倍多,酸雨频率高达 95.1%,是中国的四大酸雨城市之一。此外,柳州市 20 世纪 90 年代生活垃圾日产量约为 500—700 吨,而当时仅有的 2 座 5 万平方米的堆放厂,不能满足城市垃圾处理的需要。在此背景之下,《柳州市酸雨及环境污染综合治理项目》入选第四批日本海外经济协力基金贷款备选项目,成为中国政府利用日元贷款实施环境治理工程的首批项目之一。

(二)项目概要

该项目旨在通过柳州市扩大民用燃气供应、建设垃圾处理厂以及在柳州钢铁集团(以下简称"柳钢")、柳州化肥厂(以下简称"柳化")两家工厂建设排气设备等,改善大气污染(主要是二氧化硫排放)和水质污染的状况、提高城市卫生水平,改善该市生活环境。日元贷款的承诺金额为 2,300 百万日元,实际执行金额为 2,299 百万日元。其他内容见表 4-12。

---

❶ 煤炭干基硫 St.d 大于 3.00,即属于高硫煤。

表 4-12　项目概要

日贷承诺额/执行额	2,300 百万日元/2,299 百万日元
签署交换公文/ 借款协议签字的时间	1996 年 12 月/1996 年 12 月
借款协议条件	利息:2.1%、还款:30 年(宽限期 10 年)、一般无附加条件
借贷人/实施单位	中华人民共和国/柳州市人民政府
贷款结束	2003 年 1 月
相关调查(可行性调查 F/S)	F/S:JICA 柳州市大气污染综合对策计划调查 1995 年 12 月 SAPROF:1995—1996 年
关联项目	JICA 技术合作:柳州市环境对策(M/P 完成)

资料来源:《柳州市酸雨及环境污染综合治理项目》的后评估报告。

(三)项目的逻辑框架

根据国际环境基金的项目逻辑框架,分析《柳州市酸雨及环境污染综合治理项目》总的逻辑框架是,通过利用日元贷款,其直接产出是扩大煤气供应、建设垃圾场、两家企业的排气设备建设,项目的实施带来环境技术进步、环境政策完善、扩散等间接效应,上述两者共同改善柳州市乃至其他地区的环境。当然柳州市环境的改善离不开中国政府的环保投入以及其他相关的努力(竞争性解释)。详细见图 4-5。

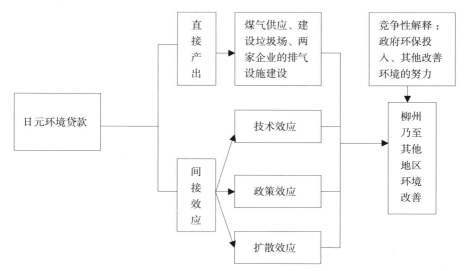

图 4-5　《柳州市酸雨及环境污染综合治理项目》总的逻辑框架

《柳州市酸雨及环境污染综合治理项目》包括扩大煤气供应、建设垃圾处理场两个公共子项目和柳钢、柳化排气设施两个非公共子项目。其中扩大煤气供应、柳钢及柳化排气设施三个子项目主要针对大气污染(特别是SO_2),以防治酸雨。而建设垃圾处理场子项目主要是针对日益增加城市垃圾。项目建设通过酸雨防治和垃圾处理,最终改善柳州市的生活环境。这就是该项目的内在逻辑(详见图4-6)。

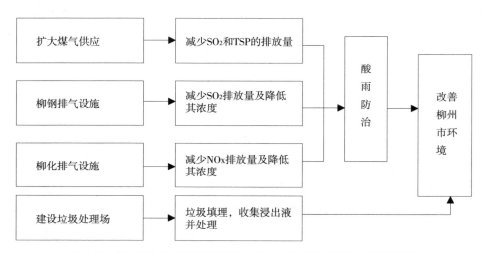

图4-6 《柳州市酸雨及环境污染综合治理项目》子项目的逻辑框架

三、项目的投入与产出

(一)柳州市民用燃气第三期项目的投入与产出

柳州市民用煤气第三期项目是在第一、二期民用燃气工程的基础上,以基本实现市区燃气化为目标,重点发展管道液化石油气混空气,并扩大利用柳州钢铁(集团)公司的焦炉煤气。该子项目总投资21140万元,其中日元贷款13.5亿日元,国内资金投入12880万元。该子项目主要包括三个混气站建设及管网工程,其中城市煤气供应管网建设长度达110公里,煤气变压所共27座。自2004年后,由于液化气市场价格较长时间以来居高不下且有上升趋势,后续建设暂停。后来,由于柳钢已可以稳定供应焦煤气,因而制订了"柳北焦煤气存储站计划",2009年11月开始向居民供应煤气。

(二)柳州市立冲沟生活垃圾卫生填埋场项目的投入与产出

该子项目位于柳州市柳江县里雍镇立冲村,距市中心20公里处。项目建设过程中,为执行国家新颁布的《生活垃圾填埋污染控制标准》及建设部有关填埋场《工程建设标准强制性条文》等要求,进行了必要的设计变更。设计变更后,项目投资总概算为 14829 万元,其中利用日本国际协力银行贷款 4.56 亿日元(3610 万元人民币)、西部国债 7100 万元、柳州市配套 4119 万元。

该子项目于 1999 年 6 月正式动工,2004 年 11 月投入运行,2007 年 5 月通过广西区环保局组织的环保竣工验收,项目废水、废气、噪声基本实现达标排放。其中建设项目包括:堆石坝式防护堤等(填埋排水沟,建防洪壁、铺设防渗水垫)、附属设施(渗水回收设备、处理抽气设备等)、800 平方米的管理用房、环境监测设备、10 台垃圾运输车(Rear Loaded Compressed 7—8t 级)。

(三)柳化硝酸 1#系统尾气 NO_X 治理项目的投入与产出

柳州化工股有限公司(原柳州化肥厂)是国家大型化工企业,该公司硝酸车间的两个系统生产排放出尾气,形成数公里的"黄龙"(民间形象的说法),严重污染环境,是柳州市重点污染源之一。治理硝酸一系统❶尾气已成为该公司、乃至柳州市的迫切任务。该子项目计划总投资 1610 万元,再转贷协议金额为1.11 亿日元,企业自筹资金 820 万元。

该工程 1999 年 1 月开始动工,2000 年 4 月投入运行,2002 年 7 月 31 日通过广西区环保局验收。原来的硝酸一系尾气 NO_X 治理装置是采用碱吸收法,处理后虽然能达标排放,但排放尾气仍呈黄色。为此,柳州化工股份有限公司通过技术调研,决定采用具有自主知识产权的冷冻吸收和壳牌氨催化还原处理,使排放尾气小于 200ppm,远低于国家排放标准要求,转为无色。整个改造项目于2005 年年底完成。

(四)柳州钢铁(集团)公司焦炉煤气脱硫综合利用项目的投入与产出

柳州钢铁(集团)公司是柳州市最大的企业,"九五"期间的二氧化硫年平均外排量为 6302 吨,厂区和生活区大气二氧化硫浓度分别超过国家三级和二级大气排放标准,是柳州市环境治理的重点对象。柳州钢铁(集团)公司焦炉煤气脱

---

❶ 该公司硝酸车间分成两个系统生产,年设计能力为 10 万吨。其中,一系 4 万吨,排放尾气21000Nm³/h;二系 6 万吨,排放尾气 27000Nm³/h。二系统尾气治理装置已于 1990 年 8 月建成投产,各项指标基本达到了设计值。1992 年 5 月,该公司 15 万吨/年合成氨扩建工程建成投产后,必须开启两个硝酸系统生产,一系由于没有尾气治理装置,排放尾气中含 NO_X 140.48kg/h。在二系统尾气治理装置开用,而一系尾气未治理的情况下,尾气中含 NO_X 仍有 158.54kg/h。

硫综合利用工程申请日本政府贷款,属于环境领域,为第一类转贷项目。该工程总投资5110万元,再转贷协议金额为4.03亿日元,企业自筹资金1780万元。

该子项目于1999年1月开始动工,2000年12月投入运行,2001年11月通过广西区环保局组织的环保竣工验收。该子项目主要建成处理能力为 27,000m^3/h的脱硫装置、50,000m^3剩余煤气储存用煤气罐、清洗处理能力 27,000m^3/h湿式清洗苯装置清洗苯用的柴油被回收、再利用。

各子项目的投入与产出归纳于表4-13。

表4-13 各子项目投入—产出

子项目	实际投入 (百万日元)		产 出
	项目总额	日贷	
燃气供应项目	4033	1350	城市煤气供应管网110km
			煤气变压所27所
			液化气用: 蟠龙山煤气站储存罐:100m^3 4座 混合器(混合液体煤气和大气的装置) 填充装置:板栗园煤气储存站,储存罐:2000m^3 2座
			焦煤气用:柳北煤气储存站,储存罐:50,000m^3 2座
垃圾处理场	6945	456	建设垃圾处理厂:堆石坝式防护堤等
			建设附属设施
			建设管理用房800m^2
			设置环境监测设备
			垃圾运输车 Rear Loaded Compressed 7—8t级10台
柳化项目	214	111	NO.1硝酸制造厂的脱硝排气处理设备(21,000Nm^3/h)
柳钢项目	571	383	脱硫装置:处理能力 27,000m^3/h
			剩余煤气储存用煤气罐:50,000m^3
			湿式清洗苯装置:清洗处理能力 27,000m^3/h

四、项目的直接环境效应

（一）燃气供应项目增加了民用燃气供应，削减了污物排放

在该子项目实施之前，柳州市已建成民用煤气第一、二期工程，气源均为柳州钢铁（集团）公司的焦炉煤气，用户不足 6 万，还存在液化石油气气源不易保证等问题。三期工程实施后，扩大了供应量。柳州市的煤气、天然气、焦煤气用户分别达到 10 万户、5.6 万户、4.4 万户，每年污染物减排量为 SO_2 7680 吨、TSP9507 吨。

（二）垃圾场项目解决了柳州垃圾处理问题，形成良好卫生环境

柳州市立冲沟生活垃圾卫生填埋场项目有效提升了该市垃圾消纳能力。本项目建设的立冲沟生活垃圾卫生填埋场，在广西区内大型生活垃圾卫生填埋场中居于领先水平。它的建成和投入使用，提升了柳州市的环卫基础设施水平，使柳州市在规范处置生活垃圾方面进入全国先进行列。立冲沟垃圾处理场一期填埋库区投入使用后，由于垃圾量的增加和服务范围的扩大，日处理柳州市区及柳江县拉堡镇内的生活垃圾约 1000 吨。以 2010 年为例，柳州市环卫系统清运生活垃圾 36.71 万吨，平均日清运 1005.62 吨。上述生活垃圾全部运至立冲沟垃圾填埋场作无害化处理，无害化处理率 100%。同年，立冲沟垃圾管理所先后 6 次接受并通过了国家住建部、自治区建设厅组织的专项检查。❶

垃圾处理产生的污水经处理后达国家有关填埋场污染控制排放的一级标准。目前竣工的垃圾处理场一期工程严格按照国家现行规范标准施工建设，在填埋场底部及边坡铺设高密度聚乙烯膜进行防渗，以防止垃圾产生的渗滤液污染地下水和土壤。垃圾产生的渗滤液通过垃圾渗滤液收集排导系统排入下游 4.5 万 m^3 的污水调节池，再经污水处理厂进行处理达到国家污水排放标准后排入柳江。2010 年，立冲沟垃圾填埋场污水处理厂共处理污水 12.9 万 m^3。场内有环保部门确定的数个监测点（井），定期监控场内排放的气体、飞尘、污水等，以确保按国家标准达标运营。

垃圾处理场的污染气体经集中收集，用于发电，减少碳排放。目前，柳州立冲沟生活垃圾填埋场已填埋垃圾近 180 万吨，最深的地方约 20 米，符合建沼气

---

❶ 柳州市环卫处 2010 年度工作总结及 2011 年度工作计划。

发电站的条件。2010年9月,柳州市环卫处和深圳市信能环保科技有限公司签订立冲沟生活垃圾填埋场沼气治理和循环利用清洁发展机制项目合作书。该项目投资约4000万元,采用国外进口的沼气发电机组利用垃圾发电。由此每年可发电1000万度左右,减排甲烷6000吨左右,相当于减少12万吨的二氧化碳排放。特别重要的是,该项目不会产生新的污染,因为垃圾在产生沼气的过程中,没有采用外部催化,完全依赖垃圾自然发酵产生沼气。发电站的建设也相对简便,仅需建在垃圾填埋场旁的一块平地上建设占地400多平方米的厂房。按照柳州市目前的垃圾量,仅需投入1台发电机组,几年后则需增至3台发动机组。

(三)柳化项目减少了NO$_x$排放

柳州化学工业集团公司硝酸一系统尾气NO$_x$治理工程于2000年4月设备试运行以来,设备运转基本正常。2001年9月广西区环境监测中心对柳化项目进行了竣工验收监测。柳化项目竣工监测报告表明,尾气处理系统的废水排放量2.5立方米/小时,废水中各项污染物的浓度均未超标(GB8978—1996《污水综合排放标准》中一级标准);硝酸一系统排放的尾气中NOx浓度360毫克/立方米,能满足GB16297—1996《大气污染物综合排放标准》中二级标准的要求,厂内噪声均值能满足GB12348—90《工业企业厂界噪声标准》三级标准要求。

(四)柳钢项目大幅降低了二氧化硫排放

柳钢排气设置项目的建成大幅削减了该厂二氧化硫等污染气体的排放量。柳钢所产焦炉燃气可供民用和工业使用,但其中含萘、焦油和硫化氢均超出国家标准,直接使用将污染环境。该工程2001年9月竣工验收后,焦炉煤气经过脱硫脱萘塔后,硫化氢削减率可达到99.74%,换算为二氧化硫,平均每小时可削减二氧化硫212.71千克,即每年可削减1863.34吨二氧化硫排放量。对柳钢厂区和生活区的大气环境质量监测结果为,厂区大气二氧化硫平均值为0.088mg/Nm³,生活区为0.062mg/Nm³,远低于1996年同期的厂区大气二氧化硫平均值0.167mg/Nm³、生活区为0.098mg/Nm³,厂区和生活区的大气环境质量明显改善。各子项目直接带来的环境变化情况详见表4-14。

表 4-14　子项目的直接环境效果

子项目名称	环境效果
燃气供应项目	焦煤气的供应量(焦煤气从柳钢的管道中引进):6.2 万 m³/日,每天最大供应能力 10 万 m³(2009 年)
	天然气(LNG)的供应量:3.8 万 m³/日(2009 年)
	煤气用户:10 万户;天然气:5.6 万户;焦煤气:4.4 万户(2009 年)
	污染物减排量:SO₂ 7,680t/年;TSP 9,507t/年(2009 年)
垃圾处理场	处理厂剩余年数:17 年(2004 年开始利用)
	填埋容量:800 万 m³/日(2009 年)
	收集渗出液设备:600m³/日(2009 年)
	污水处理能力:最大 1059m³/日(2009 年)
	柳州市生活垃圾:1000 吨/日(2009 年)
	利用人口:101.84 万人(2008 年)
柳化项目	NOx 排出浓度:360mg/N m³(2001 年)
	NOx 减排量:47.6t/年(排出量、减排量均达到国家标准,2002 年 7 月)
柳钢项目	SO₂ 排出浓度:0.084mg/ m³(工厂内年均浓度,2001—2005 年)
	SO₂ 减排量:年平均 1863.34t(2001—2005 年)
	H₂S(硫化氢)浓度:11.53mg/m³(脱硫装置排出口年均浓度、清除率 99.74%,2001—2005 年)
	煤气供应量累计:工业用:1312 百万吨;民用:108 百万吨(2001—2005 年)
	苯清洗量:280 吨(2009 年)
	柴油回收、再利用量:301435 升(2009 年)

资料来源:根据后评估报告整理。

五、项目的间接环境效应

本项目的实施不仅直接带来污染排放的变化,而且影响到当地环境政策、环保技术等,形成技术效应、政策效应及扩散效应等间接效应。

(一)技术效应

(1)项目人员的培养

该项目积极对相关人员进行培训,提高员工的技能。垃圾处理场项目共进行国内培训 2 次,18 人次参与;国外培训共进行 2 次,14 人次参与。通过国内外的相关培训,员工的技术能力有了较大提升。此外,垃圾处理场项目在实施中培养了十多名 1980 年后出生的机械和工程专业高校毕业生。如 2004 年毕业于广西大学机械专业、负责垃圾填埋技术指导的韦开仕,2007 年大学毕业、负责污水处理流程监控和检测的刘波和陶娟秀,均已经培养成为立冲沟垃圾处理场的技术骨干。正是这种注重员工培养的良好氛围,立冲沟垃圾填埋场污水处理技术水平在全国处于先进水平。此外,柳化项目共进行国内培训 10 次,培训人数达400 人次;燃气供应项目共进行国内培训 2 次,培训 20 人次;柳钢项目则分别进行了 1 人次的国内外培训。这些培训积累了人才队伍,构成了技术进步和技术创新的基础。

(2)项目引致的技术创新

一是柳钢项目在引进德国五矿有限公司焦炉燃气的脱萘、脱硫净化装置基础上,通过自主创新,研发出烧结烟气氨法脱硫技术与装备。针对烧结烟气氨法脱硫技术推广应用的主要困难,即外购液氨作为脱硫剂导致脱硫成本较高,柳钢在完善烧结烟气氨法脱硫技术的基础上,研发出 $2\times360m^2$ 烧结机烟气氨法脱硫装置。该系统运行稳定可靠,脱硫效率达 95% 以上。同时为实现钢铁联合企业内部资源的高效利用,柳钢又对焦炉煤气氨回收实施技术改造,将焦化厂原有的氨回收硫铵工艺改造为氨水工艺,生产的氨水用于烧结烟气脱硫,将烧结脱硫成本大幅降低。柳钢首创的"焦炉煤气氨回收生产氨水+烧结烟气氨法脱硫"工艺技术,是中国钢铁行业环保技术的重大突破,可实现钢铁联合企业资源高效利用,具有显著的环保效应与经济效益。[1] 2010 年,柳钢实现重大环境污染零事故,外排工业废水、废气达标率分别均为 100%、98.84%,工业水循环利用率97.5%,每吨钢新水耗量 $1.82m^3$。

二是柳化在原有的碱吸收法基础上,研发出拥有自主知识产权的冷冻吸收和壳牌氨催化还原处理方法,将排放尾气下降到 200ppm 以下,远低于国家排放标准,并且变黄色为无色。

三是垃圾处理场项目采用更先进的组合工艺对原有垃圾渗滤液处理系统技术进行改造。该组合工艺包括"水质均化+膜生物反应器(MBR)+纳滤(NF)+反渗透(RO)",处理后的渗滤液符合国家现行《生活垃圾填埋场污染控制标准》

---

[1] 谢文鹏、胡艳君:《柳钢清洁生产现状及其改进》,《柳钢科技》2012 年第 4 期,第 43 页。

（GB16889—2008）有关污染物排放指标的限值要求。技术改造后的垃圾处理场，使柳州市生活垃圾无害化处理达到广西一流、全国领先的水平。

（二）政策效应

（1）政策效应的途径

一是增压作用。该项目纳入日元贷款，其实施效果将影响到地方乃至中国政府的国际形象，迫使各级政府高度重视项目实施及其环境工作。二是推动作用。该项目的实施，切实改善了环境，让市民和政府看到酸雨等环境问题是可控、可治的。这一方面促使居民对高质量环境需求进一步增加，另一方面增强了政府治理环境问题的信心和决心。三是借鉴作用。项目的实施使该市政府的相关人员有机会了解国外先进的环境政策体系，对当地环境政策的出台和实施产生了积极影响。

（2）政策效应的具体表现

第一，促进柳州市环境保护政策和制度的制定与实施

该项目的实施，提高了政策制定者的环保意识与见识，面对环境保护的紧迫性，不断出台加强环境保护的政策法规。以有关治理大气污染的政策为例，先后出台了《柳州市大气二氧化硫总量管理方法》（柳州市政府，1996）、《柳州市人民政府关于进一步控制大气污染改善大气环境质量的通告》（柳政通字（1999）7号）、《柳州市大气二氧化硫总量控制管理办法》（国家环境保护总局，2002）、《柳州市大气二氧化硫排污交易管理办法》（国家环境保护总局，2002）、《柳州市污染源自动监控工作管理暂行办法》（国家环境保护总局，2002）。这些环保政策的实施全面促进了大气污染物的减排。

第二，开展二氧化硫排放总量控制及排放权交易政策实施的示范工作

根据2002年3月国家环境保护总局印发的环办函〔2002〕51号文件，柳州市纳入开展二氧化硫排放总量控制及排放权交易政策实施的示范工作范畴（即中美合作项目：4+3项目）。同年9月，柳州市完成了"十五"期间（2001—2005年）二氧化硫排放指标分配及排污许可证的发放。2003年12月，柳州市二氧化硫总量控制及排放权交易示范试点项目成功通过国家环保总局和美国环保协会组织的验收。2009年该市全面推行排污许可制度。柳州化学工业集团有限公司（买方）与柳州木材厂（卖方）之间成功完成二氧化硫排放权交易。

第三,强化环保审批工作

"十一五"期间,柳州市环保审批工作严格按照"三级审批"制度,不断提高行政审批工作效率。期间共审批了 4922 个建设项目,项目投资总额为 704.99 亿元。其中有 360 个建设项目,因不符合环保法律法规、选址和布局不合理、对饮用水源保护区等环境敏感地区产生重大负面影响、公众反应强烈、超过污染物总量控制指标等原因而没有通过审批,保障了柳州市有效减少污染排放。

（三）扩散效应

项目的成功实施,对广西及其他省市产生了广泛影响,进而间接促进了广西乃至中国环境保护水平提高。如广西各地市环卫部门到该垃圾场项目参观学习,内容主要包括填埋场设计、建设和运行等。广西部分城市如南宁、百色等市参照柳州市垃圾场(立冲沟)建设模式实施了相同的项目。柳钢以"焦炉煤气氨回收生产氨水+烧结烟气氨法脱硫"技术为代表的清洁生产对当地及同行业的生产具有促进作用。2012 年,柳州市相关领导在肯定柳钢的清洁生产、保护环境的成绩时,号召全市企业向柳钢学习。项目建设的经验起到了示范作用,扩散到其他地区,促进整体环境改善。

六、项目的总体环境效果

（一）改善大气质量

经过该项目的实施及各方的努力,柳州市总体的大气质量总体趋于好转（见图 4-7）。其中,最明显的是 SO_2 浓度显著下降,从 1996 年的 0.152mg/m^3 下降到 2011 年的 0.059mg/m^3。2008 年,该市国家大气质量环境标准达标日为 360 日,较项目开始时显著改善。SO_2 浓度显著下降,导致酸雨的频率下降。1996 年时年降酸雨频率是 54.4%（平均 pH 值为 4.61）,2011 年下降至 17.9%（平均 pH5.63）。根据国家环境保护部发布的《2007 年全国城市环境管理与综合整治年度报告》,在 109 个国家环境保护重点城市考核的排名中,柳州市以空气质量优良率 96.2% 在全国排名第 30 位。

（二）改善市容、卫生环境

立冲沟垃圾填埋场的垃圾进行无害化处理,改善了柳州市容、卫生环境,得到市民认可。根据 2010 年 5 月一项针对垃圾处理状况的改善效果的调查,7 成以上的市民列举了"市内变干净了"和"恶臭现象得到了改善",很多市民都认为

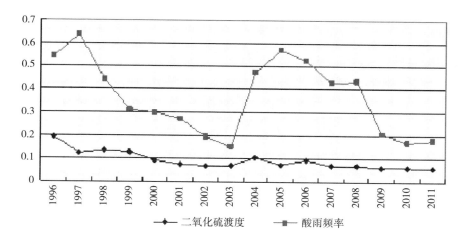

图 4-7　1996—2011 年柳州市二氧化硫浓度及酸雨频率

资料来源:柳州市历年环境公报。

市容美化了。此外,95%以上的市民认为"回收垃圾的次数增多了、垃圾处理服务有了提高",市民也认识到了卫生环境上的改善。

在以环境质量、污染防治、环境建设和环境管理为指标的广西城市环境综合整治定量考核中,柳州 2009 年得分为 91.3,比"十一五"初期提高了 19.3,由全区第五名升至第二名,2011 年跃居第一。2010 年柳州创建"国家园林城市"圆满成功,并获得"中国人居环境范例奖"的殊荣❶。

(三)改善市民的生活环境

根据本项目后评估报告针对酸雨改善效果的调查,近 7 成市民列举了"水源水质有了改善",有超过半数的市民列举了"对身体的刺激减轻了"。95%的市民认为,通过完善城市煤气设施,"做家务的效率提高了",可以认为市民的生活环境及生活水平均得到了改善。

2009 年国家统计局广西调查队关于"公众对城市环境保护满意率"的调查表明,柳州市公众对城市环境保护满意率达 74.86%,比"十一五"初期提高了 24.86%,位居全区第三。根据中国社科院发布的《2010 年中国城市竞争力蓝皮书:中国城市竞争力报告》,柳州市的"生活环境竞争力"排名位

---

❶　唐丁丁:《柳州以酸雨治理促城市生态转型——柳州市以环保促经济升级城市转型服务民生的示范作用》,《环境与可持续发展》2011 年第 5 期,第 35—36 页。

居全国第 8 位❶。

柳州市环境的改善也离不开当地政府、企业、居民等的共同努力。仅在"十一五"期间,柳州市火电、冶金、造纸等行业的工业企业共投入 3.82 亿元,实施了 19 项二氧化硫减排工程。❷ 但是我们更应看到,《柳州市酸雨及环境污染综合治理项目》的实施,对增强环保意识、带动环保投入等方面具有不可替代的引导作用。首先,项目的实施增强了政府部门的环保意识。在与柳州市相关机构(财政局、环保局、项目单位)人员进行访谈时,他们大多都认为,该项目的实施对市政府真正下决心进行环境治理具有重大意义,因为实施本项目对提高柳州市政府的环保意识起到了正面、积极的促进作用。其次,项目实施对其他环保投入起到催化作用。其中的典型是立冲沟生活垃圾卫生填埋场项目催生了垃圾发电项目的投资。该项目投资约 4000 万元,采用国外进口的沼气发电机组利用垃圾发电❸。最后,柳州市的龙头企业——柳钢和柳化所采取的环保对策也包含在本项目之中,本项目的实施不仅直接为实现预设的环保指标作出了贡献,而且加深了大企业率先实施污染治理的重要性与可行性的认识,促进了市政府采取具体的环保措施。

七、主要结论及存在的问题

(一)主要结论

(1)项目的实施改善了柳州的环境水平

煤气供应三期、柳化、柳钢脱硫项目的实施,改善了柳州的大气质量,降低了酸雨发生的频率;垃圾处理场项目则提高了生活垃圾处理的水平。大气质量的改善、生活垃圾处理的提升,有效提高了该市居民的生活质量。

(2)项目的实施带来了柳州环境技术的进步

项目在实施中,主要通过人员培养、引致创新,提高了柳州环境技术。日元贷款项目比较注重人员培训,并采取了国内外培训相结合的形式,单位员工的技术能力均有较大程度的提高。项目采购采用先进的设备,有利于柳州市学习到

---

❶ 黄松龄、甘景林、黄克、张烈强:《柳州:疾行在创模路上》,《中国环境报》2010 年 12 月 8 日。

❷ 柳州市环境保护"十二五"规划,http://www.lzepb.gov.cn/xxgk/ghjh/201286/n05874381.html。

❸ 闫友明:《垃圾—沼气—电—百姓家》,《柳州日报》2011 年 10 月 13 日。

先进的环境保护技术,并在此基础上进行创新,研发出了像柳钢的"焦炉煤气氨回收生产氨水+烧结烟气氨法脱硫"等先进的工艺技术。

（3）项目的实施促进了柳州的环境政策、制度和管理的完善

项目实施以来,通过学习国外先进的环境管理经验,柳州市的环境政策、制度和管理得到进一步完善。其中,比较突出的是,柳州市成为二氧化硫总量控制及排放权交易示范试点城市,并成功通过国家环保总局和美国环保协会组织的验收。当然,柳州市的环境政策、制度和管理的完善,离不开当地政府和相关部门的努力。

（二）存在问题

（1）项目建设资金不足

本项目原计划总体费用为4,168百万日元(其中日贷2,300百万日元),实际投入了11,762百万日元(其中日贷2,300百万日元),国内融资比达4.1。国内融资由柳州市政府或相关企业承担,成本大幅增加。广西作为少数民族西部欠发达地区,本身面临环境保护投入的巨大压力,可能对其他环保项目投入产生挤出效应,影响整体污染排放的改善效果。

（2）技术层面存在局限性

环境技术是实现经济发展和环境改善的重要途径。中日之间的环境技术差距显著。以1978—2003年的再生能源技术、碳捕获和存储(CCS)等13类应对气候变化技术分布为例,日本有12类位居第一,占全球应对气候变化创新的40%;中国仅占5.8%。❶日本在环境技术方面的优势是显而易见的。而在本项目中,日方提供环境援助项目的贷款,但对项目采用先进技术不积极,柳钢子项目引进德国五矿有限公司的焦炉燃气的脱萘、脱硫净化装置后,存在因外购液氨作为脱硫剂导致脱硫成本较高问题,一定程度影响了其脱硫效果和减排成效。

（3）项目设计问题

中国压缩型工业化,一方面导致环境问题集中出现,另一方面居民的环境需求则在不断提高。而对华环境援助项目的建设周期比较长,因而造成项目计划

---

❶ Antoine Dechezleprêtre,Matthieu Glachant,Ivan Hascic,Nick Johnstone,Yann Ménière,Invention and Transfer of Climate Change Mitigation Technologies on a Global Scale:A Study Drawing on Patent Data.2008. http://www.cerna.ensmp.fr/index.php? option=com_content&task=view&id+192&Itemid=228.

与实际环境变化不适应问题。在本项目中,煤气供应项目为应对原料价格的高涨及市场需求的变化,共变更3次设计计划,导致项目费用总额增多。垃圾处理厂建设项目按照垃圾处理厂建设新的国家标准,需要重新进行设计和取得建设许可(铺设防渗水垫,以防水渗到土壤里)。"柳化排气对策项目"及"柳钢焦煤气脱硫项目"最初计划购买的排气处理设备不能满足需求,又更改为处理能力更强的设备。随着柳钢产能逐年扩大,由2000年的100万吨扩大到2007年的600万吨,焦炉燃气产生量大幅增加,日元贷款项目(处理能力仅为2.7万 m^3/h 的焦炉煤气脱硫系统)已满足不了该公司生产发展的需要。为此,该公司于2004年年末在原焦炉煤气脱硫系统北面建设了一套处理能力为10万 m^3/h 的焦炉煤气脱硫系统。该系统自2005年年底投产以来,运行正常,达到预期效果。为保证焦炉煤气质量,控制二氧化硫排放,2008年2月该公司又新建处理能力为10万 m^3/h 的焦炉煤气脱硫系统,同时拆除了原日元贷款项目焦炉煤气脱硫系统。如果项目设计具有前瞻性,将更好地发挥环境援助项目的减污效应。

第四节 欧盟—重庆生物多样性保护
项目的环境效应分析

《生物多样性公约》将"生物多样性"定义为"所有来源的形形色色生物体,这些来源包括陆地、海洋和其他水生生态系统及其所构成的生态综合体,包括物种内部、物种之间和生态系统的多样性"。保护生物多样性不仅仅是保护生物物种与遗传资源,还要保护生物赖以生存的生态系统,如森林生态系统、河流生态系统、草原生态系统、农田生态系统。生物多样性的价值不仅体现在直接为消费和生产提供生物资源,还能因其维持生态平衡和稳定环境而产生间接价值,如维持生命物质的生物地化循环与水文循环、调节气候、净化环境。❶

生物多样性保护项目是发达国家提供的国际环境援助的重要组成部分,《重庆市生物多样性保护主流化与能力建设项目》是中国—欧盟生物多样性项目18个地方示范项目之一。这里利用案卷研究、调研、互联网检索等方法获得的资料,以重庆市生物多样性保护主流化与能力建设项目为分析单位,运用逻辑

---

❶ 徐 慧、彭补拙:《国外生物多样性经济价值评估研究进展》,《资源科学》2003年第4期,第106页。

模型分析方法进行案例研究,通过对该项目的环境效果分析,考察国际环境援助对中国环境的影响。

一、项目的基本状况及其逻辑框架

(一)项目背景

为了积极争取国际力量参与中国生物多样性保护,2005 年国家财政部和中国环境保护总局向联合国开发计划署和全球环境基金申请了"中国生物多样性伙伴关系框架项目"。在该项目框架下,由欧盟、中国商务部、联合国开发计划署和中国环保总局四方共同发起了"中欧生物多样性项目"。欧盟在该项目中承诺援助中国 3000 万欧元,主要用于帮助中央政府强化环境保护的制度建设与机构能力建设以及地方政府开展生物多样性试点工作,其中地方示范项目预算 2100 万欧元,用于支持中国西部和南部的荒漠生态系统、山地和高原生态系统、热带和亚热带生态系统、农业生态系统和药用植物产区的生物多样性保护。

重庆市位于青藏高原与长江中下游平原的过渡地带,地质地貌复杂,山地丘陵众多,环境异质性高;水热条件充沛,气候垂直差异显著,河流众多,水体环境多样化。优越的地理位置和复杂的自然条件,使重庆市孕育了丰富多样的生物物种资源。市内已知高等植物占我国高等植物种类的 21.1%,兽类占我国兽类种类的 18.8%,鸟类占我国鸟类种类的 32.5%。重庆市农耕历史悠久,农业、畜牧、中药、观赏植物等遗传种质资源也极其丰富。同时,重庆市作为第四纪冰川时期生物的优良避难地,保存了许多珍稀濒危和中国特有动植物物种。其中渝东北大巴山区和渝东南武陵山区被世界自然基金会确定为具有全球保护意义的 200 多个优先保护生态区。但在近二三十年重庆市经济快速发展过程中,重庆市在经济发展与生物多样性保护的平衡不足,生物多样性遭受较大破坏,濒危物种数量明显增加。鉴于保护重庆市生物多样性具有重要价值和现实需求,《重庆市生物多样性保护主流化与能力建设项目》入选了中欧生物多样性项目地方示范项目。

(二)项目概要

《重庆市生物多样性保护主流化与能力建设项目》是重庆市环保局首个利用国外赠款开展的生物多样性保护项目,其目标是将生物多样性保护措施纳入重庆市社会经济发展总体规划和政策过程以达到社会经济发展与生物多样性保护的协调发展。项目获得欧盟赠款 143 万美元,2008 年 2 月正式启动,计划于 2010 年 1 月 15 日结束,后经欧盟与中国商务部批准,该项目延期至 2011 年 1 月,由重庆市环保局与野生动植物保护国际(Fauna & Flora International,简称 FFI)共同实施,具体详见表 4-15。

表 4-15 项目概要

赠款金额	1,425,539 美元
赠款方	欧盟
项目协议签署时间	2008 年 2 月
签署方	联合国开发计划署(UNDP)、重庆市环保局
赠款的支付	提前一季度由联合国开发计划署中国办公室转移支付给重庆市环保局
执行机构	重庆市环保局
合作伙伴	FFI
项目总成本	2,896,857 美元 其中:欧盟赠款 1,425,539 美元 配套资金 1,471,318 美元
项目启动日期/结束日期	2008 年 2 月/2011 年 1 月
关联项目	中国生物多样性伙伴关系框架项目(2006 年 5 月 22 日) 中欧生物多样性项目(2006 年 5 月—2011 年 7 月)

资料来源:UNDP:Field Project Summary;UNDP:Grant Agreement;国家环保局外经办:中国生物多样性伙伴关系框架与中国—欧盟生物多样性项目,2007 年 10 月 17 日。

(三)项目的逻辑框架

本研究采用项目逻辑模型,其逻辑框架是通过欧盟生物多样性保护项目赠款从事活动,形成直接的产出,促进重庆市的生物多样保护主流化和能力建设;通过项目的实施产生挤入效应、观念效应、政策效应和扩散效应,推动重庆市生物多样性保护,改善重庆市的环境。(具体见图 4-8)

二、项目的投入与产出

项目投入资金总额为 290 万美元,其中欧盟赠款 143 万美元,重庆市环境保护局和 FFI 配套资金 147 万美元。项目负责人由重庆市环保局自然生态处处长陈盛樑担任,同时项目聘请了多名国内外专家,包括 FFI 高级项目协调专家张颖

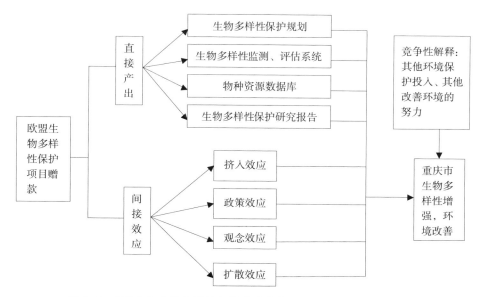

图 4-8　《重庆市生物多样性保护主流化与能力建设项目》逻辑框架

溢、FFI 中国项目经理 William Bleisch(保护规划专家)、FFI 国际策略部部长 Barney Dickson(保护政策专家)、湿地保护专家 Mike Harding、加拿大戴尔豪斯大学资源与环境教授 Martin Willison、中国林业大学李迪强教授、中国科学院华南植物园廖景平专家、西南大学生命科学院王志坚教授、曾波教授和孙凡教授等。

项目完成后,主要取得了包括生物多样性保护规划、物种资源数据库、生物多样性监测与评估系统在内的七项成果,具体见表 4-16:

表 4-16　项目产出表

产出大类	具体产出	合作伙伴
与生物多样性保护相关的规划	《重庆市生物多样性保护策略和行动计划》	市发改委、市林业局、重庆市生态学会等 20 家机构
	《重庆市生物物种资源保护与利用规划》	重庆大学、西南大学、西南林学院、重庆自然博物馆
	《重庆市大足县玉龙镇环境保护暨环境优美乡镇建设规划》	重庆大学建筑规划学院、大足县玉龙镇人民政府等
	《重庆市重要生态功能保护区建设规划》	西南大学和重庆大学

产出大类	具体产出	合作伙伴
生物多样性本底调查与物种资源数据库	《重庆市南川金佛山山王坪生物多样性快速评估报告》	重庆大学、西南大学、重庆自然博物馆、重庆市长江师范学院、绿联会
	《重庆市江津四面山大窝铺生物多样性快速评估报告》	
	《重庆缙云黄芩、荷叶铁线蕨、银杉、金佛山兰保护现状及对策研究报告》	
	《重庆阳彩臂金龟、白鹇、黑叶猴、金丝猴、林麝、巫山北鲵和两种铜鱼保护现状及对策的研究报告》	
	《重庆市生物多样性调查与评价研究报告》	
	重庆市物种资源基础数据库	重庆市环境保护信息中心
生物多样性监测与评估系统框架	生物多样性监测中心站、大足县监测子站、江津区监测子站、武隆县监测子站、万州区监测子站、黔江区监测子站、开县监测子站、都市区监测子站	重庆市环境科学研究院、大足县环保局、江津区环保局、武隆县环保局、万州区环保局、黔江区环保局、开县环保局、重庆自然博物馆、巫山五里坡自然保护区、雪宝山自然保护区、西南大学
	为各监测站工作人员进行两期蜻蜓监测的培训	
	《重庆市蜻蜓监测野外手册》	
	为巫山五里坡自然保护区和雪宝山自然保护区管理局的工作人员进行红外线摄像机兽类和鸟类监测培训	
	《重庆市生态环境状况评价技术规范》	
大学生生物多样性保护教育与能力培训	大学生生物多样性知识系列讲座14次、1700多人	重庆青年环保协会、重庆青年环境交流中心、重庆大学、西南大学、西南政法大学、四川外语大学、南方翻译学院、重庆师范大学、重庆理工大学、重庆邮电大学
	重庆市生物多样性保护领导力培训班三期	
	《大学生环保社团生物多样性保护培训手册》	
	张玉玲团队、郭西南团队、吴文团队、陈丽萍团队、梁金玲团队小额赠款项目	
	海南和广西长臂猿保护项目地为期40天的生物多样性教育实践活动	
	西南大学、重庆大学、四川外语学院、重庆邮电大学、重庆交通大学校园植物调查活动	
	《重庆高校生物多样性监测指导手册》	
	重庆大学生的生物多样性行为意识调查	
	校园植物明星评选	

续表

产出大类	具体产出	合作伙伴
缙云山国家级自然保护区周边公众教育子项目	中小学教师生物多样性培训14次、720人	重庆市教委、重庆市生态学会、北碚区教委、北碚区教师进修学院、西南大学可持续发展教育中心
	中小学生21个生物多样性保护小项目、40个生物多样性保护小课题	
	《重庆缙云山国家级自然保护区周边公众教育项目系列校本教材》	
	《青少年生物多样性保护教育活动案例汇编》	
	《缙云山生物多样性公众教育手册》	
公众生物多样性宣传活动	重庆市第十一届爱鸟周活动"关爱鸟类、共筑爱巢"	南山植物园、重庆市林业局、重庆市园林局、重庆市生态学会、重庆青年环保协会、重庆晚报等
	重庆市2010生物多样性年庆祝活动"保护生物多样性,就是保护我们的未来"	
生物多样性保护相关研究	《重庆市生物多样性保护政府考核指标体系》	西南大学
	《重庆市生物多样性保护考核办法》	
	《重庆市五类资源开发类项目生物多样性影响评价指南》	重庆工商大学、清华大学环境科学与工程系等5家机构
	《重庆市生物多样性保护促进办法》	重庆大学
	《重庆市自然保护区管理办法》	
	《企业和个人投入生物多样性保护的鼓励政策研究报告》	
	《重庆市生物多样性保护资金投入原则》	
	《重庆市生物多样性保护工作机制研究》	
	《重庆市生物多样性保护职责分工》	
	《重庆近郊风景名胜区外来入侵植物调查及对生物多样性的影响》	重庆市园林绿化科学研究所
	《重庆市都市区林地资源评估》	重庆大学建筑规划学院
城口县大巴山可持续利用示范项目	《城口县非木材林产品保护与可持续利用行动计划》	城口县环保局、大巴山国家级自然保护区管理局、城口县供销社、河鱼乡人民政府、东安乡人民政府
	东安乡兴隆村互助资金与生物多样性保护基金	
	城口县河鱼乡畜牧村生物多样性保护和可持续发展基金	
	中蜂养殖培训540人、中草药种植技术培训690人	
	向3328人宣传生物多样性保护,向752人发放宣传品	

产出大类	具体产出	合作伙伴
石柱县武陵山可持续利用示范项目	生物多样性保护与黄连规范化种植技术培训 27 次,培训 3500 人,其中农民 2100 人	石柱县环保局 石柱县林业局 石柱黄连有限公司 黄水镇人民政府
	黄连科学种植示范基地 6 个	
	万盛村田湾组生物多样性保护基金	
	《石柱县非木材材林产品保护与可持续利用行动计划》	
都市区湿地恢复、生物多样性保护示范项目	《重庆市都市区湿地调查报告》	重庆市林业局湿地保护管理中心、重庆市林科院
	《重庆市都市区湿地保护计划》	
	溪谷公园	重庆奥林匹克花园置业有限公司、重庆市青年环保协会
	溪谷公园生物多样性监测活动四次	
	溪谷公园生物多样性保护宣传册	

三、项目的直接环境效应

生物多样性是环境保护的一个重要领域,项目的这些产出对重庆市产生了重要的直接环境价值。

(一)示范区生物多样性破坏现象得以缓解,生物多样性得以恢复

(1)城口县示范区盲目采集非木材林产品的现象得到缓解

在城口县大巴山示范区,项目的实施促进了东安乡兴隆村和河鱼乡畜牧村中蜂养殖和中草药种植的发展。由于村民忙于替代生计发展,上山挖药的现象减少很多。项目实施前,两村村民都上山采药,并且品种不限,有什么采什么;现在兴隆村上山挖药的村民不超过 20 人,畜牧村采药人数比项目前减少了 80%,大部分是采集下来自己培育,过度采集非木材林产品的现象得到极大缓解。

(2)石柱县示范区乱砍林木种黄连的现象得以制止

在石柱县武陵山黄水镇示范区,项目引进了科学的黄连种植技术和节能的黄连加工技术。新技术的使用减少了黄连种植对采伐林木的需求。按传统种植方法,每栽一亩黄连需 10 立方米木材搭棚、需砍伐 3 亩森林;使用旧的黄连炕烘烤黄连,每户年均耗材为 8 立方米至 10 立方米。而水泥桩和铁丝搭棚每亩能节约木材 5 立方米至 7 立方米;新黄连炕每个炕节约 300 根竹材。此外,示范区选择种植莼菜和方竹、开展农家乐等来替代黄连种植,这些生计替代的发展也减少了因黄连种植而产生的伐木需求。现如今黄水镇越来越多的村民都乐于使用新技术种植黄连或自愿改种莼菜、方竹等,原先乱砍树木种黄连的现象基本没有了,森林资源及其生物多样性得到了保护。

(3)都市区示范区溪谷公园的生物多样性得以恢复

在都市区示范区,项目与重庆奥林匹克花园置业有限公司合作,依照生态设计方案建造了溪谷公园。溪谷公园建成后,公园内湿地、林地得以恢复,公园的生态功能逐渐显现。重庆市绿色志愿者联合会胥执清副研究员、向春总干事分别于 2009 年 5 月、8 月、11 月和 2010 年 2 月对溪谷公园进行了四次生物多样性监测。四次结果综合对比显示,公园的生物多样性得到明显恢复。水体中泥鳅和鲫鱼数量逐渐增多;公园植被茂密了,种类增加了 22 种;鸟类的数量也增加到了 21 种。

(二)生物多样性知识与理念得到了传播

项目实施系列子项目,将生物多样性相关知识传播给重庆市政府部门人员、民间社团人员、高校学生、中小学教师与学生以及乡镇干部和村民,使他们知道了什么是生物多样性,明白了生物多样性对人类的重要性,也掌握了一些珍稀动植物识别、外来入侵物种识别等科普知识以及环境教育、生物多样性规划编制、非木材林科学采集等专业技术。

(三)各方参与生物多样性保护的能力得到了提升

项目形成了科研机构的生物多样性监测能力。项目在市环科院建立了生物多样性监测中心站,并在大足县、江津区、武隆县、万州区、黔江区、开县和都市区建立了 7 个监测子站,使重庆市实现了生物多样性的实地监测。项目还聘请国内外专家为各监测站工作人员进行监测培训和野外实践指导,使工作人员的生物多样性监测能力得到提升。

项目提升大学生团体和非政府团体的生物多样性活动的组织能力。项目为重庆 8 所高校的 82 名在校大学生举办了"重庆市生物多样性保护领导力培训班"。项目突出了游戏和参与自然的学习方法,通过培训班的知识传授与创新性学习方式的体验,学员组织生物多样性活动的能力得以提升。他们能将自身所学的生物多样性知识进行宣传、能够独立完成环境调研任务、能够运用多种形式开展活动,其中较好地继承了游戏的教育方法。重庆青年环保协会与项目联合举办"重庆市生物多样性保护领导力培训班",在合作中协会提升了组织生物多样性相关培训的能力。项目实施期间,共计举办了 4 次培训班,其中第四期培训班由重庆青年环保协会 2010 年 10 月独立举办。项目结束后,协会又举办了其他环境教育讲座活动,学生和老师评价很高。

项目提高了缙云山国家级自然保护区周边中小学教师的生物多样性教育能力。项目为缙云山国家级自然保护区周边的 73 所中小学教师 1000 人次进行了 14 次生物多样性知识与技能培训。培训后,教师结合主题班会、实地考察、走访调查、实践活动、参观体验、专家讲座等多种教育形式将所学知识与技巧运用到中小学生的生物多样性教育实践中。

项目增强了城口县大巴山和石柱县武陵山示范区村民的生物多样性保护能力。以大巴山为例,当地村民以采集非木材林产品为主要生计,造成非木材林产品日益减少,项目选择河鱼乡畜牧村和东安乡兴隆村为示范点,建立社区基金为村民发展中蜂养殖、中草药种植提供资金,并对村民进行了中蜂养殖和中草药种植技术培训,提高了村民生计替代能力,保护了非木材林产品。

四、项目的间接环境效应

本项目的实施,间接地影响到重庆市环境的各个方面,产生了挤入效应、观念效应、政策效应和扩散效应。

(一)挤入效应

项目的实施带动了国内的资金投入生物多样性保护活动中来,推动了生物多样性保护活动的开展。虽然资金的投入意味着活动的开展,但由于资料的不完整性,无法将资金投入与活动开展一一对应,下文将项目带动的资金投入与推动的活动分开阐述。

(1)带动国内资金的投入

第一,带动《三峡库区生态多样性保护规划》资金投入《重庆生物多样性保护策略与行动计划》的优先项目中

《重庆生物多样性保护策略与行动计划》(Biodiversity Strategy and Action Plan,简称 BSAP)规划了十年内重庆市生物多样性保护的 7 大行动和 28 个优先重点项目,这些项目的经费总预算达 6.99 亿元。由于三峡库区 80% 以上位于重庆市,2009 年年底国家环保部决定将 BSAP 的投资概算列入《三峡库区生态多

样性保护规划》❶,即十年内重庆市生物多样性保护的主要投资已整合进入国家
三峡库区后续支持计划。

第二,带动城口县生态县建设规划资金投入示范区生物多样性保护与可持
续发展模式的推广中

项目在大巴山区城口县河鱼乡兴隆村和东安乡畜牧村建立的非木材林可持
续利用示范区,取得了很好的经济与生态效益。为了在更大范围内分享项目的
成果,城口县政府已将推广示范区的生物多样性保护与可持续发展模式纳入城
口县生态县建设规划。仅 2009 年 12 月至 2010 年 2 月,城口县已争取到市政府
的资金 500 万元人民币。

第三,强化了自然保护区能力建设资金投入力度

项目的实施提高了国家及市政府对重庆市自然保护区能力建设的重视程
度,《重庆市生物物种资源保护与利用规划》、BSAP、《重庆市重点生态功能区保
护和建设规划》均将"加强国家级和市级自然保护区的能力建设与可持续管理"
作为优先重点项目。为此重庆市自然保护区能力建设资金投入逐年增加。2009
年重庆市自然保护区能力建设资金投入总额为 300 万元;2010 年重庆市自然保
护区建设资金中仅中央财政投入即达近 2000 万元;2011 年重庆市获得中央自
然保护区能力建设资金 2118 万元;2012 年雪宝山、阴条岭国家级自然保护区以
及巫山县、奉节县湿地保护区获得中央财政资金 3942 万元,巫山五里坡等市级
保护区获得市级财政补助资金 180 万元。

(2)推动生物多样性保护活动的开展

第一,推动自然保护区规范管理活动的开展

BSAP、《重庆市重点生态功能区保护和建设规划》将"加强国家级和市级自
然保护区的能力建设与可持续管理"作为优先重点项目,在项目的目标中明确
表示"通过国家级和市级自然保护区管理示范,使自然保护区的建设和管理规
范化"。2010 年开始,重庆市自然保护区开展了一系列活动,使保护区管理逐渐
规范:一是加大自然保护区专项执法活动力度,对保护区内的违法违规建设行
为、保护区村民毁林修路等破坏行为进行查处;二是开展自然保护区范围、界线

---

❶ 《三峡库区生态多样性保护规划》安排了 36.86 亿元用于库区生态屏障区植被修复和生态廊道建设,
27.85 亿元用于库区生态与生物多样性保护。

及功能区的核查与确认工作,编制《重庆市自然保护区空间矢量化电子图集》等自然保护区基础信息资源,并建立自然保护区数据库和信息管理系统;三是实施自然保护区巡查制度,并开展自然保护区生态巡查备案和建档归档工作;四是对纪云山、金佛山、大巴山及长江上游珍稀特有鱼类(重庆段)国家级自然保护区进行质量评估,完成自然保护区定期评估制度建设的第一步。

第二,强化示范区中小学生生物多样性教育

项目以缙云山国家级自然保护区周边中小学校为示范区,支持教师和中小学生开展多个生物多样性项目以及聘请专家编写生物多样性样本教材将生物多样性知识纳入中小学生日常教育。项目结束后,重庆市继续支持示范区中小学校的生物多样性教育,并将其打造成为生物多样性保护示范基地。2012年重庆市以北碚区中小学为基地,创建了5所生物多样性保护示范学校。

第三,推动次级河流生态修复工程的开展

《重庆市生物多样性保护策略和行动计划》和《重庆市重点生态功能区保护和建设规划》中将"次级河流生态系统修复及生物多样性恢复"列为重要项目。2009年重庆市人民政府出台了《加快次级河流综合整治和水环境项目建设实施意见》(渝府发[2009]38号),次级河流综合治理项目中的生态修复工作得到重视。2010年、2011年两年重庆市对次级河流实施了系列生态恢复工程,包括河岸绿化、生态护坡、人工湿地和生态浮床建设;主城区14条重点整治的次级河流沿岸累计建成生态湿地24.92万平方米,岸边生态修复14.6万平方米,种植苗木10万株,开展景观整治11.2万平方米,建成休闲公园23个❶。

(二)观念效应

本项目实施中传播了生物多样性的理念,加强了各群体的环保观念。

(1)山区村民观念变化

项目在城口县大巴山和石柱县武陵山示范区对村民进行了生物多样性保护的宣传和教育,提高了他们对生物多样性保护的认识。项目实施前,村民认为"按需采集"非木材产品,森林资源会自行恢复。现在他们意识到利用非木材林产品也要考虑"环境""生物多样性保护"。根据项目的监测记录,如今城口县大巴山示范区兴隆村和畜牧村村民在采集利用野生中草药时,已经改进了采集方

❶ 陈维灯:《主城区22条次级河流水质全部达到创模考核要求》,《重庆日报》2012年8月31日。

法,如深埋重楼等野生药材不能利用的部分,不采集党参等药材的幼苗。同时,在寻找生计替代时,具有了生物多样性保护意识。比如,黄水镇万盛村田湾组选择莼菜作为替代生计,莼菜是天然的绿色食品,种植过程不能施肥施药,种植莼菜能够维持水源的清洁,能够保护森林和水源,是生物多样性友好型产品。

（2）房地产开发商观念变化

项目在都市区选择与重庆奥林匹克花园置业有限公司在房地产开发项目中合作建造溪谷公园,进行湿地、林地与生物多样性的恢复。经过参与公园的建造与国内外专家的指导,该房地产开发商有了在景观建设中进行生物多样性保护的观念。开发商了解到过多人工设计会破坏环境自身的生态功能恢复;模拟自然湿地植物群落、选择多样化的地带性植物配置,能给动物的恢复营造自然的生境;只有生态恢复了,动物有生气了,才能为居民创造出人与自然和谐的宜居环境。

（3）中小学生观念变化

在缙云山国家级自然保护区周边公众教育子项目中,保护区周边的中小学在老师的带领下进行各种形式的生物多样性保护教育与实践,提升了学生的生物多样性保护意识。王朴中学的学生通过开展嘉陵江鱼类观察记录活动,将保护鱼类的理念带入生活中,他们积极说服从事捕捞业的父母在禁渔期不要捕捞鱼、放生捕捞到的珍稀鱼。

（三）政策效应

本项目强调了生物多样性保护主流化,促进政策制定者将生物多样性保护纳入议程,从制度建设上保障生物多样性,政策效应强。

（1）建立了生物物种资源保护和管理部门联席会议制度

项目致力于构建政府间生物多样性保护协调工作机制,促成生物物种资源保护和管理部门联席会议制度的建立。2008年8月24日,重庆市政府发布了《关于成立重庆市生物物种资源保护和管理部门联席会议领导小组的通知》(渝办发(2008)),该领导小组定期组织召开部门联席会议,研究落实国家生物物种资源保护和管理的方针、政策与法规,并审议重庆市生物物种资源保护行动计划和具体措施,协调生物物种资源管理有关事项。

（2）将生物多样性保护指标纳入政府官员的考核体系

项目编制的《重庆市生物多样性保护政府考核指标体系》和《重庆市生物多样

性保护考核办法》为将生物多样性保护纳入政府官员的考核提供了操作规范,使政策的执行成为可能。2010年开始,生物多样性指标作为生态环境质量指标的一部分纳入了重庆市区县与市级有关部门党政一把手环保实绩考核指标体系。

(3)将生物多样性保护影响评价纳入资源类开发项目的环评中

项目支持编制了《重庆市五类资源开发类项目环评中的生物多样性影响评价指南》。2012年该《指南》开始在重庆市自然保护区执行,根据2012年重庆市人民政府印发的《重庆市自然保护区相关项目管理规定的通知》的要求,在保护区的项目必须按照《指南》编制项目对保护区生态影响专题评价。

(4)促使自然保护区管理政策的出台

项目制定的《自然保护区管理办法》规定了自然保护区的建立、撤销、范围及功能区的调整,自然保护区项目建设的审批程序、管理程序、资金及固定资产管理,自然保护区建设资金筹措与生态补偿制度的实施等。项目的实施促使重庆市自然保护区评审管理与项目管理政策的出台。2012年重庆市制定了《重庆市自然保护区评审管理规程》,印发了《重庆市自然保护区范围及功能区调整申报材料编制规范》;同年重庆市环保局印发了《重庆市自然保护区相关项目管理规定的通知》(渝环发〔2012〕44号),强化了自然保护区的管理。

(四)扩散效应

《重庆市生物多样性保护策略与行动计划》的编制工作在全国范围内属于领先开展,它是第一个省级BSAP、全国第三个地区性BSAP,其编制工作为中国其他省市积累了经验、提供了示范。2010年年底项目办组织专家完成了《重庆市生物多样性保护策略与行动计划编制总结报告》,《报告》总结了编制过程及其经验与教训。此外,重庆市环保局利用2010年"全国生物多样性保护战略与行动计划编制交流研讨会"以及2012年"全国省级生物多样性保护战略与行动计划编制暨保护示范交流会"的机会与其他地区环保局的领导和专家分享了BSAP的编制经验。截至2014年9月,四川、云南、江苏、海南等13个省份已完成BSAP的编制并发布实施;河北、安徽、西藏、湖南等省(自治区)BSAP的编制工作已进入最后阶段。项目经验向其他地区的扩散,对中国整体环境改善产生了积极影响。

本项目产生的挤入效应、观念效应、政策效应和扩散效应,全面地扩大了项目本身的环境效果。

五、项目的总体环境效果

重庆大学李蜀庆教授的《重庆市生物多样性保护资金投入产出动态关系研究》报告中阐述生物多样性的净化环境效应主要体现在固C、排放O_2、有毒气体的吸收、滞尘、净化水源、灭菌和降低噪声。重庆市通过实施生物多样性保护示范项目,对重庆市森林生态系统、河流生态系统(水环境)和大气环境产生了积极影响,促进了全市生态环境的改善。

(一)重庆市森林、植被不断丰富

2007年至2011年重庆市森林、草地、城市绿化数据显示:项目实施前后,重庆市的森林、城市绿化面积逐年增加,到2011年实现了全市森林覆盖率39%,城市绿化覆盖率由2007年的30%上升到2011年的40%,增加了10%;同时天然草地得以保护。(具体见表4-17)

表4-17　2007—2010年重庆市森林、天然草地、城市绿化变化

年份	森林面积(万公顷)	森林覆盖率(%)	天然草地(万公顷)	占幅员面积(%)	城市绿化覆盖面积(公顷)	绿化覆盖率(%)
2007	271.72	33	215.8	26.2	26156	30.07
2008	280	34	215.8	26.2	31820	35.9
2009	288.4	35	215.8	26.2	37744	36.5
2010	304.94	37	215.8	26.2	46819	38.83
2011	321.4	39	215.8	26.2	53403	40.3

资料来源:重庆市环境状况公报2007—2011年。

(二)重庆市水环境得到改善

2007年至2011年重庆市环境状况公报数据显示:除了2011年长江和乌江两江水质变差外(尤其是乌江,由于其入境万木断面总磷负荷高,导致该断面及其下游水质均为劣V类),项目实施前后,长江、嘉陵江、乌江重庆段水质呈现稳定略升的趋势,尤其2010年长江和乌江水质明显提升,长江15个断面中有2个断面水质属于I类,乌江4个断面中1个断面水质是I类。重庆市次级河流总体水质从2007年至2011年持续提升,水质满足III类和满足水域功能要求的断面所占比例分别由69.1%、70.8%增加到79.5%、86.4%。(具体见表4-18、图4-9)

表 4-18　2007—2011 年重庆市"三江"水质类别分布（各类别断面个数）

年份	长 江				嘉陵江				乌 江				
	总断面数	I 类	II 类	III 类	总断面数	I 类	II 类	III 类	总断面数	I 类	II 类	III 类	劣 V 类
2007	14	3	9	2	3	0	2	1	4	0	4	0	0
2008	14	1	11	2	3	0	3	0	4	0	4	0	0
2009	15	0	13	2	4	0	4	0	4	0	4	0	0
2010	15	2	13	0	4	0	4	0	4	1	3	0	0
2011	15	0	1	14	4	0	4	0	5	0	0	0	5

资料来源：重庆市环境状况公报 2007—2011 年。

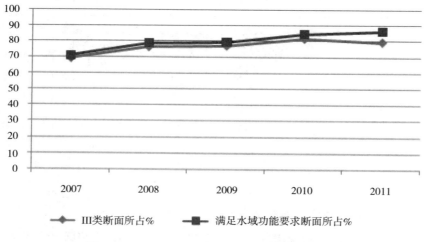

　　◆— III类断面所占%　　　■— 满足水域功能要求断面所占%

图 4-9　2007—2011 年重庆市次级河流水质变化

（三）重庆市大气环境改善明显

　　重庆市大气污染物浓度数据显示：2007—2011 年，虽然个别年份有出现空气质量倒退的现象，但重庆市大气环境总体上有了很大改善，如表 4-19 所示。到 2011 年主城区环境空气质量优良天数比例达到 88.8%，PM_{10}、SO_2、NO_2 均达到国家环境空气质量二级标准。

表 4-19　2007—2011 年重庆市大气污染物年平均浓度

年　度	2007	2008	2009	2010	2011
空气质量环境优良天数	289	297	303	311	324
PM_{10}（ mg/m^3 ）	0.108	0.106	0.105	0.102	0.093
SO_2（ mg/m^3 ）	0.065	0.043	0.053	0.048	0.038
NO_2（ mg/m^3 ）	0.044	0.063	0.037	0.039	0.032

资料来源：重庆市环境状况公报 2007—2011 年。

2007—2011 年重庆市上述环境的改善也有"森林工程"的贡献。重庆市"森林工程"2008 年开始实施，包括农村森林工程、城市森林工程、公路森林工程、河道森林工程和苗圃森林工程 5 个方面，截至 2011 年，"森林工程"累计完成造林 1256 万亩。"森林工程"的实施对重庆市大气环境的改善发挥了作用，但它与本项目紧密联系。首先，本项目产生的政策效应对"森林工程"起到推动作用。2008 年 9 月启动的"森林工程"晚于本项目（2008 年 2 月启动）且它的实施理念为重视生物多样性保护，保持森林良好的健康度和自然度。其次，本项目编制的 BSAP 和《重庆市重要生态功能保护区建设规划》将"重庆市森林工程建设中生物多样性保护与利用示范"列为重庆市生物多样性保护优先重点项目，其目标是完成政府森林工程建设年度计划，并且要求基于生物多样性保护而建立生物多样性高的森林群落，这一要求与"森林工程"的实施理念完全吻合。2010 年重庆市森林工程建设中生物多样性保护与利用示范实施后，本项目与"森林工程"相互融合。

六、主要结论及存在的问题

（一）主要结论

（1）项目的实施提高了生物多样性保护意识，缓解了生物多样性破坏现象

项目的生物多样性保护的宣传和教育活动提高了政府官员、高校学生、中小学教师及学生、山区村民和市区民众的生物多样性知识和保护理念。

项目的实施缓解了城口县、石柱县过度采集非木材林产品和乱砍林木的现象，项目促进溪谷公园及其周边的生物多样性得到恢复。

（2）项目的实施形成了重庆市生物多样性保护的可持续性

项目的启动推动了生物多样性保护相关政策出台，带动国内资金对生物多样性保护的投入，并推动了生物多样性活动的开展，增强了各方参与生物多样性保护的能力。在政策、资金与能力的联动作用下，重庆市得以将生物多样性保护持续下去，形成持久的环境效果。

（3）项目的实施改善了重庆市的环境

项目的实施及其产生的持续效应使重庆市的森林覆盖率增加、自然草地得到保护，明显改善了重庆市水环境以及大气环境。

（二）存在的问题

（1）参与者对生物多样性主流化意识不足

欧盟生物多样性项目对中国公众知识、态度、实践调查活动❶结果显示，所有被调查群体都比较缺乏有关保护生物多样性的知识和实践，他们的态度也需要进一步改进。本项目有13个高级政府部门和9个科研机构、民间团体参与重庆市 BSAP 的编制，然而由于部分部门生物多样性保护意识不足，参与编制的积极性不高，最终整个编制过程较原订计划有所延迟。另外，"重庆市生物多样性领导力培训班"成员在参与寒暑假期广西和海南自然保护区周边中小学环境教育社会实践活动中，也体现出了解和宣传生物多样性保护的主观意愿不足，多数成员更多地将其视为一次支教活动，影响了预期效果。

（2）非政府力量参与生物多样性保护实力不足

发达国家的经验表明：按照市场运作方式，引导企业参与；培养非政府组织，发挥其宣传、组织功能，是形成广泛合作伙伴关系、实施生物多样性保护很重要的途径。在中国，非政府组织参与生物多样性保护起步晚，而企业参与生物多样性保护的市场机制尚不健全，因而参与保护的经验和能力有限。本项目中，重庆市济溪环境咨询中心组织开展了重庆市高校生物多样性监测项目，由于中心在专业力量上比较薄弱，给予高校监测小组的技术支持有限。另外，为保护重庆市特有物种南川木菠萝，南川区环保局与重庆昌昂置业有限公司签署了合作

---

❶ 2007 年 7、8 月，在欧盟生物多样性项目的支持下，在北京、云南、四川、广西、湖南和内蒙古六个省、直辖市进行了公众知识、态度、实践调查活动，调查以定性访谈和定量问卷的方式调查了大约 700 名受访者，被调查者包括部级、省级、县级和乡级的政府官员，以及企业、媒体、非盈利组织、大学和农村社区的代表。

协议,在大观镇下涧口共同建设南川木菠萝迁地繁殖基地。然而,由于技术不过关使大苗移栽存活率低,最终造成比较严重的损失,繁殖基地的发展和管理被搁置。

第五节 亚行—武汉污水处理项目的 环境效应分析

水环境是生态环境中的重要一环,水治理为国际环境援助的主要对象。其中,全球 2003—2008 年双边援助中,用于水方面的援助年均增长 15%,中国是接受此类援助最多的发展中国家之一,2007—2008 年期间其占全球水援助的 5%。❶ 亚洲开发银行(简称亚行)重视武汉市污水处理的治理问题,2004—2010 年间提供贷款 8042 万美元,用于武汉市污水处理项目。这是国际金融机构支持中国改善水环境的典型案例,具有代表性和重要研究价值。

针对武汉市污水处理问题的研究,成果集中于污水技术成果的探讨,从不同侧面分析武汉市落步嘴污水处理厂、三金潭污水处理厂等的设计、技术及创新,而未涉及亚行贷款对污水处理厂建设的影响分析以及对武汉市水环境的效果分析。本研究将从亚行的武汉市污水处理项目视角,剖析该项目的综合环境效应,从而探讨环境援助的减污有效性问题。

本研究通过解剖武汉市污水处理项目,以该项目的三金潭污水处理厂、落步嘴污水处理厂、黄家湖污水处理厂和能力建设为分析单位,采用前后对比法、逻辑框架分析法及解释性案例分析法,认为亚行项目的实施改善了武汉的水环境,进一步推进了武汉市水环境技术进步和武汉市环境政策完善,最终促进了武汉市环境质量提高,说明环境援助有力地推动了受援国环境改善。

一、项目的基本状况及其逻辑框架

(一)项目背景

武汉市作为中部省份湖北省的省会,江河纵横,湖港交织,长江、汉江交汇于

---

❶ OECD, Financing Water and Sanitation in Developing Countries: the Contribution of External Aid, http://www.oecd.org/dac/stats/45902160.pdf.

中心城区,全市共有大小湖泊 189 个、5km 以上河流 165 条、水库 272 座,水域面积 2117.6km³,占全市国土面积约 1/4❶,居全国大城市之首,具有得天独厚的水资源优势。同时,武汉是中国的工业、运输与交通中心。根据《2012 年武汉市国民经济和社会发展公报》,2012 年年末武汉市户籍人口为 1012 万,其中非农业人口为 555.02 万;当年地区生产总值为 8003.82 亿元,其中重工业总产值为 7050.96 亿元。可见,武汉市的生活、工业废水排放大,污水处理压力大。

武汉市经济迅速发展的同时,污水排放大量增加,但污水集中处理未及时跟上。1994 年全市污水处理率仅为 2%,2002 年上升为 6.4%;至 2004 年,武汉共有沙湖、龙王嘴、二郎庙、黄浦路等 4 座城市污水处理厂正常运行,处理污水 1.4927 亿吨,处置污泥 8599 立方米,生活污水集中处理率为 39.10%❷,按照国务院关于 2010 年城市污水处理率不低于 70% 的要求,还有很大差距。

城市污水成为江湖污染的主要源头。2000 年武汉未处理污水每天 205 万 m³ 直接排入江湖,其中 1/4 为工业污水,武汉市 56% 的江河水和 89% 的湖水为有机物、氮、磷等污染。1980 年代中期长江武汉段水质为 I 类,至 2003 年,连续 15 年下降。2003 年武汉没有一条河流旱季达 III 类的,且非旱季中 67% 河流水质劣于 III 类❸。武汉位于长江中游,其污水处理问题,不仅关乎本区域的水环境和水资源问题,威胁到武汉的饮用水安全与公共健康;而且直接影响长江下游大片区域乃至东海的水环境和水资源。治理武汉污水问题和保护水资源成为环保工作的重中之重。

为改变武汉市污水集中处理设施建设滞后的局面,2000 年武汉计划建设 13 个污水处理厂。武汉市虽然 1995 年开始收取污水处理费,且收费不断提高❹,但远不足以抵付成本开支,在资金上存在巨大缺口。同时武汉市在污水处理技术和管理方面也存在改进的需求,需要借助一股外力解决武汉市在污水处理设施建设与管理方面的资金与技术问题,更好地改善武汉市的水环境和水资源

---

❶ 武汉市水务局:《2011 年武汉市水资源公报》,http://www.whwater.gov.cn/bab553ae37c9da0f0137fea6f73800ff.html。

❷ 武汉市水务局:《2004 年水环境状况》,http://www.whwater.gov.cn/1865.html。

❸ 亚洲开发银行,Report and Recommendation of the President to the Board of Directors on a Proposed Loan to P.R.C. for the Wuhan Wastewater Management Project,2003 年。

❹ 武汉市 1997 年至 2002 年期间居民与工商业污水处理费同价,每吨收费从 1997 年的 0.14 元、1998 年的 0.18 元、2000 年的 0.22 元提高至 2001 年的 0.40 元。

问题。

亚洲开发银行一直致力于为各国环境改善提供帮助,环境可持续性是亚行工作的一项核心战略。针对武汉市的上述状况,亚行与武汉市政府经过 2001—2003 年深入沟通与谈判,2003 年 12 月 11 日双方正式签署了协议,亚行 2004—2010 年提供 8042 万美元贷款,用于武汉市污水处理项目。

(二)项目概要

本项目主要由武汉市城市排水发展有限公司(Wuhan Urban Drainage Development Company,简称 WUDDC)等负责执行,目标在于实现武汉可持续的污水处理和水资源保护,将武汉污水处理率由 45% 提高至 2010 年的 70%❶。项目包括一个能力建设和三个污水处理厂建设。具体如表 4-20 所示。

表 4-20 项目基本信息

项目投资总额 亚洲开发银行 国内配套: 中国工商银行 国家开发银行 武汉排水公司 国家债券 政府财政预算	2.1272 亿美元 8042 万美元 1.323 亿美元 2509 万美元 4928 万美元 4178 万美元 879 万美元 736 万美元
贷款条件 亚洲开发银行 国家开发银行 政府债券	伦敦同业拆借利率的 3.95%,还款期 25 年,宽限期 5 年 利率 5.472%,还款期 15 年,宽限期 5 年 利率 2.5%,还款期 10 年,宽限期 5 年
贷款合同签订时间	2003 年 12 月 11 日
项目实际完工时间	2010 年 9 月 27 日
项目活动	1. 建立三金潭、落步嘴和黄家湖三个污水处理厂 2. 能力建设
项目实施 运行机构	武汉市政府 武汉市城市建设利用外资项目管理办公室 武汉市城市排水发展有限公司 项目管理办公室

资料来源:亚洲开发银行:Completion report:Wuhan wastewater management project,2011 年 11 月,第 26、42 页。

---

❶ 亚洲开发银行:Completion report:Wuhan wastewater management project,2011 年 11 月,第 1 页。

（三）本研究的逻辑框架

本案例研究采用项目逻辑模型,结合本项目的具体情况,具体逻辑框架为:利用亚行贷款带动国内资金,形成的活动为建立三个污水处理厂和推进能力建设;其直接产出是建成三个污水处理厂提高了武汉污水处理率,建成水质模型等;项目的实施带来环境技术提高的技术效应,环境政策完善的政策效应,向外围扩散的扩散效应等,构成三个间接效应;直接与间接效应共同改善了武汉的水环境和水资源。另外,武汉市水环境的改善离不开其他环保投入以及相关的努力(竞争性解释)。逻辑框架具体展示于图4-10:

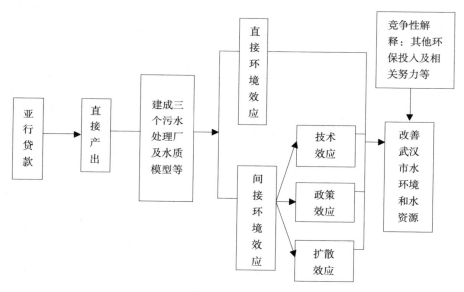

图4-10　本案例的逻辑框架

二、项目的投入与产出●

本项目2004年开工,2010年完工,总投资2.1272亿美元,从污水处理设施建设和能力建设两方面展开,具体情况如下:

（一）三个污水处理厂建设

三个污水处理厂投入共1.6599亿美元,形成了三个厂污水处理设施的

● 所列数据来自亚洲开发银行:Completion report:Wuhan wastewater management project,2011年11月,第2—3页、24—25页。

产出。

（1）三金潭污水处理厂

三金潭污水处理厂投入总额7064万美元,2004年3月开工建设,2007年3月开始运行,建成18.3公里污水网管和2个泵站,处理污水处理量30万 m³/日,达到其设计能力,出水达到国家《城镇污水处理厂污染物排放标准》GB18918—2002的二级排放标准。同时,2009年11月建成单体规模居世界第三、亚洲第一的卵形污泥厌氧消化池,一级中温厌氧消化系统于2010年5月开始启动调试,2011年3月启动成功正式运行。

（2）落步嘴污水处理厂

落步嘴污水处理厂投入5595万美元,2007年6月开工,2009年11月建成,建有28.6公里污水网管和1个泵站,污水处理量为10万 m³/日,出水达到GB18918—2002的一级B排放标准。厂区建成除臭池,通过生物降解除臭。

（3）黄家湖污水处理厂

黄家湖污水处理厂投入3940万美元,2004年3月开工,2007年7月投入运行,建成39.1公里的污水网管和1个泵站,污水处理量为8万 m³/日,出水达到GB18918—2002的一级B排放标准。

（二）能力建设

能力建设包括水质模型、项目实施的咨询服务、水质监管等多方面,总计投入2433万美元❶。

水质模型2009年11月完成,用于监控长江、汉江、东湖的水质,具备应急反应机制,保障水质安全。

项目实施的咨询服务方面,向武汉项目管理办公室和WUDDC提供了广泛咨询,包括项目管理、运行效率与程序、财务管理、社会影响与环境监管。并向水质模型的开发提供了多方咨询服务,包括模型开发与校准、数据收集与整理、地理信息系统一体化、模拟江湖水质、创立应对饮用水安全的应急机制平台、监管设备的采购、培训员工。

---

❶ 根据亚洲开发银行的结项报告,3个污水处理厂与能力建设的投入之和小于项目总投资额,是因为项目支出了2240万美元的金融服务费。

三、项目的直接环境效应

亚行贷款的武汉污水处理项目建成了三个污水处理厂,形成污水处理量达 52m³/日❶,开发出水质模型等,这一系列成果进一步产生了直接的环境效应。

(一)强化了 WUDDC 的环境管理能力

治污企业的环境管理能力对当地环境质量的持续改善至关重要,Katherin Morton(2005)提出衡量国际援助有效性的最佳方法是看强化其环境管理能力的程度,强调环境能力建设是通过强化融资、技术、人力资本来改进环境管理,认为环境能力包括融资效率、机构协作、技术进步和信息共享这互相促进的四个方面。

WUDDC 是亚行贷款项目建设的承建方,也是武汉市治理污水和保护水资源的关键主体,是项目能力建设中项目实施的咨询服务的主要受益者。亚行在项目实施过程中的标准化和规范化要求与运作,对 WUDDC 的内部常规管理和环境能力产生了重要积极影响。相关人员认为项目采用了国际通用的管理模式,比如,设有不同的监理部,不同专业监理人员要求到现场。监理月报需要不同的监理人签字,每月有月报,每季有季报,每年有年报,且要求中英文,这种模式被 WUDDC 沿用下来,通过合作,与国际接轨,培训了一批人才。

项目建设的内容之一也是 WUDDC 制度与管理的能力提升,其能力建设包括项目管理、融资管理、营运计划、环境监控、水质监管、运营者培训、公共意识培养等层面。WUDDC 的环境能力提升具体表现在提高了融资效率,形成了有效的对外良性协调、对内有机融合的机制,并产生水环境的信息共享,技术进步显著,成为其改善武汉市水环境的良好基础。

(二)提高了武汉市污水污泥处理量

本项目建设的三个污水处理厂增加了污水处理量 52 万 m³/日,为武汉市污水处理规模的 27%,服务于武汉市 29% 的区域❷,增强了武汉市的污水处理能力。如表 4-21 所示,武汉市污水处理率不断提高,2010 年达到 92%,超过了亚行 70% 的目标,三个污水处理厂的贡献很大。

---

❶ 2007 年 12 月达到 40 万 m³/日,2009 年 12 月增加 12 万 m³/日,共计 52 万 m³/日,来自亚洲开发银行:Completion report:Wuhan wastewater management project,2011 年 11 月,第 17 页。

❷ 亚洲开发银行:Completion report:Wuhan wastewater management project, 2011 年 11 月,第 11 页。

对于污水处理中产生的污泥,武汉污泥处理量不断增加,2008—2011年污泥处理量增加了近1倍,如表4-21所示,达到"减量化、稳定化、无害化、资源化"。

表4-21 2004—2011年武汉市污水污泥处理量

年份	处理污水量 （亿吨）	处理污泥干泥量 （万吨）	城市生活污水 集中处理率(%)	削减化学需氧量 （万吨）
2004	1.49	8599[①]	39.1	1.13
2005	1.79	—	45.01	—
2006	2.9	—	71.1	—
2007	3.1	—	76.17	1.9
2008	4.57	12.8	80.7	6.8
2009	5.26	15.7	89.8	8.7
2010	5.37	17.24	92	8.26
2011	5.99	23.41	92.2	7.35

资料来源:武汉市历年环境状况公报、武汉市历年水环境公报。
注:①2004年污泥处理量为8599立方米。

（三）避免了二次污染

污水处理厂运行中会产生臭气与污泥,形成二次污染,本项目建设中解决了其中的负面影响。

（1）生物除臭保护了武汉大气环境

污水处理厂在进水处包括泵房和细格栅以及氧化沟的厌氧段和污泥脱水系统产生臭气,这些地方主要产生H_2S、氨气等臭气体,易于对厂区和周边空气形成再污染。本项目的污水设施将除臭纳入了建设。

以落步嘴污水处理厂为例,在设计中考虑了臭气全收集设施,将易于产生臭气的这几处构筑物采用全封闭设计施工,通过管道和抽风机将这些构筑物内产生的臭气收集到一体化除臭系统中进行集中处理❶。臭气经生物除臭系统处理后的排放气体符合GB18918—2002二级标准,保证厂区和周边的空气环境良好,净化了武汉空气。

---

❶ 具体情况参见后文的技术效应部分。

（2）污泥饼卫生填埋

为避免污水处理厂污泥对环境的二次污染，三金潭污水处理厂的污泥经中温厌氧消化处理❶，浓缩离心脱水后，污泥含水量小于80%，脱水泥饼外运处理。

（四）提高了资源再利用

（1）中水回用

2007年三金潭污水处理厂深度处理后的中水回用试点项目设计方案通过初审。通过污水深度处理，水质可达到国家城市杂用水水质标准（GB/T18920—2002），每天生产1000吨中水，可用于厂区道路绿化和生产杂用，既节约用水又可以节约生产成本。

（2）沼气自用

三金潭污水处理厂将污泥消化产生的沼气用于污泥消化系统的加热保温或驱动设备，大大减少处理系统的能耗，实现资源化利用。其沼气产量以0.75m³/kg计，沼气热值为20,400kJ/m³。由此计算出的沼气产量及热值，在武汉冬季最不利条件下能够用于消化池保温❷。

四、项目的间接环境效应

本项目的建设不仅直接产生了环境效应，而且产生了技术效应、政策效应和扩散效应，间接地影响了武汉的环境状况。

（一）技术效应

亚行贷款的武汉污水处理项目既通过培训直接培养了WUDDC的技术人才，又多方面提高了武汉市污水处理技术水平，产生了很强的技术效应。

（1）大量培训提升了武汉污水处理人才队伍

亚行在项目实施过程中重视各方面的培训工作，其国际招标的Camp Dresser & Mckee International Inc.（简称CDM）❸负责提供项目咨询及组织培训工作。培训对象既有管理人员与技术人员，也深入营运人员和财务人员，从工

---

❶ 污泥处理的详细情况参见后文的技术效应部分。

❷ 朱昱、杨文中：《三金潭污水处理厂卵形消化池的启动》，《中国给水排水》2012年第2期，第94—95页。

❸ 该公司是总部设在美国马塞诸色州的Camp Dresser & Mckee Inc.香港分公司，专门提供环境工程、水资源、污水处理、废物处理、有毒物质处理、再生能源等领域的工程、技术、咨询服务。

程管理、工程技术到项目营运、财务管理全方位展开培训,既有本地培训,也包括国内外实地考察学习,共有 13 批次的各种培训。如 2005 年 11 月 1 日对武汉项目管理办公室和 WUDDC 员工进行设计建设工程准备与实施的培训。

这些培训直接在一个高平台上训练了 WUDDC 的管理人员、技术人员和财务人员,为武汉市污水处理行业培养和积累了人才,成为武汉市污水处理技术水平提高的基础。

(2)三金潭污水处理厂污泥处理上创新技术与工艺

本项目力争使污水处理中产生的污泥达到"减量化、稳定化、无害化、资源化",项目设计中通过对卫生填埋、污泥焚烧、农肥利用、中温厌氧、污泥干化等污泥处置方式进行横向比较,最终确定三金潭污水处理厂使用较先进的中温厌氧工艺处置剩余污泥。

其污泥处理采用一级厌氧消化处理工艺,两座消化池为卵形双曲面预应力钢筋砼壳体结构。消化池单体容积 $13900m^3$,工程单体规模为世界第三、亚洲第一,是目前国内同类建筑工程中结构最复杂、技术含量最高、施工难度最大的单体工程❶。卵形消化池在施工难度较大的情况下进行施工创新,特别是环向张拉采用游动锚双向张拉,在国内消化池建设中尚属首次。

(3)落步嘴污水处理厂率先应用 4 项先进技术

落步嘴污水处理厂率先采用了四项先进技术:

第一,生物除臭。落步嘴污水处理厂投资 560 万元兴建的除臭设施包括两套高效生物过滤系统,由加拿大 BIOREM 技术有限公司提供,满足国际顶尖除臭工艺各项技术参数和稳定安全运行的要求。污染物被滤料床固定后在微生物的新陈代谢作用下被降解为无害的化合物,例如 CO_2 和水以及一些无机盐类,清洁空气从生物滤池通过后进入大气❷。

第二,采用双回路用电系统。绝大部分污水处理厂都没有使用双回路系统,一旦遇到供电系统停电检修或者线路故障,整个厂区无法正常运行,污水无法进行处理。落步嘴污水处理厂考虑到污水处理的连续运行,通过前期设计和完善,

---

❶ 姚汉华、许小平、赵艳:《浅析武汉市三金潭污水处理厂污泥消化系统的设计与建设特点》,《阜阳师范学院学报》(自然科学版)2011 年第 3 期,第 58 页。

❷ 许小平:《武汉落步嘴污水处理厂生物除臭项目》,《给水排水》2009 年第 10 期,第 129 页。

达到完全利用双回路系统的不间断供电进行 24 小时连续运行❶。

第三,设溢流缓冲堰。落步嘴污水处理厂泵房出水处、综合井的氧化沟进水井均设有溢流缓冲堰,可以均和水质、缓冲进水、均匀配水和防止回流,防止了意外情况导致的污水回流❷。

第四,PLC 控制程度高。落步嘴污水处理厂采用了较先进的自控系统,对污水处理过程采集的参数进行校验与分析,从而作出合理控制。其设计主要侧重于应用 PLC(Programmable Logic Controller,可编程逻辑控制器)来实现自动化控制。按照集中控制的原则,自控系统将现场仪表、电气设备有机地集中成一体,组成一个实时高效的监控系统❸。

(4)黄家湖污水处理厂的新设备新工艺提高了工程技术水平

第一,采用了具有除磷脱氮功能的前置厌氧+Carrousel 2000 型氧化沟工艺。该池型具有高效除磷脱氮功能、水力条件好、耐冲击负荷、设备少、便于维护管理等特点。

第二,采用了具有高表面负荷的周进、周出二次沉淀池,设计单池直径 38米,如果采用传统中心进水、周边出水二次沉淀池,设计池径直径则为 45 米。

第三,采用了螺旋叶轮离心潜水泵,有利于保护回流污泥中的菌胶团,提高生化处理效率。

第四,采用了螺旋细格栅、卧螺式离心浓缩脱水一体机、漏氯吸收装置等新设备。

这些对提高污水处理厂工艺的处理效率、设备水平、管理水平及运行安全等具有积极作用。黄家湖污水处理厂工程还荣获 2009 年度优秀工程勘察设计行业市政公用工程给排水和环境工程三等奖。

(5)水质模型构建了全面提升水污染防治和水环境管理的技术能力

水质模型是建立在地理信息系统(GIS)和各种数据基础上的模型系统,包括流域陆地模型(SWMM)、水动力模型(ECOMSED)、水环境质量模型(RCA)等

---

❶ 姚汉华、许小平、何雯茵、周伟:《武汉落步嘴污水处理厂设计及施工特点》,《给水排水》2009 年增刊,第 203 页。

❷ 姚汉华、许小平、何雯茵、周伟:《武汉落步嘴污水处理厂设计及施工特点》,《给水排水》2009 年增刊,第 204 页。

❸ 姚汉华、许小平、何雯茵、周伟:《武汉落步嘴污水处理厂设计及施工特点》,《给水排水》2009 年增刊,第 205 页。

内容。通过建立水质模型，可以模拟、反映、预测水中各种污染物的迁移变化过程，优化流域排污口的规划，分析污水处理工程对水质的改善，加强饮用水水源安全的预警，提升水污染防治和水环境管理的水平。

国外已有很多利用水质模型提高水环境管理水平的成功实践，但在国内还是第一次。亚行参与了水质模型项目从启动到实施的各个主要阶段的协调工作。水质模型由中标的美国 Hydroqual 公司和武汉市环境保护科学院组成的联营体开发，2009 年完成后通过对 WUDDC 有关技术人员的培训，按照合同要求逐步实现项目的技术转移。

（二）政策效应

本项目的实施间接地从宏观上推进了武汉市新环保政策，特别是水环境政策出台，产生了政策效应。

宏观层面上，亚行及其项目咨询公司对武汉市政策制定者的环保意识和态度产生影响，有利于新环保政策出台。本项目的领导小组由重要的政府部门组成，武汉市副市长、发改委、水务局、财政局、环保局等 2002—2010 年一直参与项目，直接与亚行及其项目咨询公司进行长期的交流与合作，对武汉市政策制定者的环境保护意识产生了潜移默化的影响，使这些部门领导更加重视环境，具有推动环保的主动性，更易于出台一系列环保政策，加其他方面的动因，如环境问题突出、国家政策导向等，带来武汉市环保政策加强，特别是水环境政策不断出新。

在《武汉市湖泊保护条例》（2002 年 3 月施行）的基础上，2005 年 10 月《武汉市湖泊保护条例实施细则》施行，2010 年出台了《武汉市湖泊整治管理办法》。在《武汉市城市供水用水条例》（1996）基础上，2005 年出台了《武汉市城市节约用水条例》，2008 年出台《武汉市水土保持条例》，2010 年市人大通过了《武汉市水资源保护条例》。这些法规规章在全国率先形成比较系统的涉水地方性法规体系，在加强江湖保护与治理、推进水生态环境修复、促进武汉市水资源可持续发展等方面发挥出重要作用。

（三）扩散效应

本项目不仅直接促进武汉水环境的改善，而且对其他地区以及相关领域产生了积极影响，形成扩散效应。具体表现为：

（1）武汉市污水管理展示会，传播项目的综合技术与经验

子项目水质模型开发取得重要成果后，2008 年 10 月 29—30 日，国家财政

部、亚洲开发银行、武汉市政府联合在武汉召开了亚洲开发银行贷款武汉水质模型项目研讨会暨武汉污水管理展示会,参会代表除了国家环保部、建设部、水利部、财政部及湖北省、市相关部门人士,来自上海、天津、广州、哈尔滨等地的科研院所、污水处理厂的专家共 120 人参加了会议。武汉水质模型开发者与会议代表分享了水质模型的开发成果和经验,在与会专家的交流中,水质模型的先进方法有机会向全国推广。这是武汉污水管理展示会,亚行贷款建设治污设施的经验与方法以及武汉污水管理的成功实践得以向全国同行传播。

(2)以项目为契机的公众宣传,推广水环境保护知识

三家污水处理厂成为很多学校的环保教育基地,向大学生和中小学生传播水环境知识。同时也是大学生参与社会实践的场所,成为一些高校的实习基地和专业观摩地,如三金潭污水处理厂是中南民族大学化学与材料科学学院的实习基地,为环境工程、环境科学、水文与水资源工程专业的学生拓展了专业实践知识,落步嘴污水处理厂为武汉科技大学城市学院的实习基地。

以亚行贷款项目为契机,武汉市水务集团不断推进水环境保护的公众宣传,在宗关水厂内建立了武汉供排水事业陈列馆,2011 年 9 月在汉口江滩正式落成了武汉市节水科技馆,以多种方式全面阐释人与水和谐发展的关系。特别是在保护展区,重点介绍如何开展水资源节约和保护,展示了工业节水、农业节水、家庭节水的主要途径和方法,以及中水和雨水利用等先进节水技术❶。该馆同时命名为武汉市科普教育基地,并已申报全国中小学节水教育社会实践基地,已接待普通公众和中小学生 10 万多人次。

(3)推广应用污水污泥处理技术

本项目建设中的先进技术成果,在汉西污水处理厂、南太子湖污水处理厂等新污水处理厂建设中得到应用,如生物除臭技术等在武汉新污水处理厂中推广。并且 WUDDC 继续重视污水治理的节能问题,积极开展新技术、新工艺、新材料的应用,利用高科技手段对污水处理工程逐个耗能环节进行优化,如在管网建设中继续采用了玻璃钢夹砂管、双壁玻璃管等新型材料,充分利用新型材料优势。

同时为配合水质模型运行的数据需要❷,武汉加强了水质监测,推进了水质

---

❶ 《到武汉节水科技馆亲水去》,《长江日报》2012 年 5 月 17 日第 10 版。

❷ 水质模型需要数据支撑,需要江湖的水位、水质等不断更新的数据,没有数据则水质模型不能有效发挥作用。

管理。如 2011 年 9 月 30 日东湖水质自动监测站建成并投入运行,监测项目主要为水质常规项目、有机污染物、营养盐与重金属等,对东湖水质进行实时连续监测和远程监控,掌握东湖水体水质状况及动态变化趋势,预测预报东湖水质状况,并及时预警预报东湖水质突发事件❶。

五、项目的总体环境效果

环境状况可以说是多种因素作用下形成的,以武汉市水环境来说除了本项目的建设,包括武汉市建设"资源节约型、环境友好型社会",2008 年施行《武汉市生活污水分散处理设施运行补贴暂行规定》,武汉"清水入湖"截污工程、"大东湖"生态水网构建工程,其他污水处理厂、污水管网及泵站的建设,2008 年对远城区开征污水处理费(0.8 元/吨)等,都构成武汉水环境改善的有利因素。同时其他因素的作用,又与本项目的政策效应、扩散效应以及 WUDDC 环境管理能力提高相关,也或多或少地与亚行在项目建设中的影响联系在一起。如亚行强调污水处理费补偿成本❷,武汉市出台政策向远城区征收与中心城区同等的污水处理费。

本项目对武汉产生了直接环境效应与间接环境效应,这些环境效应最终体现在武汉市水环境改善、武汉居民健康水平提高等方面。

(一)改善了河流和湖泊的水质,保护了饮用水资源

项目建设的三个污水处理厂直接增加了污水处理量 52 万 m³/日,加上 WUDDC 环境能力和技术水平的提升,与亚行贷款相联系的水环保政策加强等,直接或间接地改善了武汉江湖的水质,并有利于提高长江在武汉下游的水质,保护了包括武汉在内的长江中下游城市的饮用水安全。

如表 4-22 所示,武汉 10 条主要河流中,达到 Ⅱ 类的河流 2010 年达到 6 条的高峰,劣于 Ⅲ 类的河流数量从 2005—2006 年的峰值下降后,各年份有波动,总体表现为河流水质的不稳定改善❸。

---

❶ 文慧、王勇、鄢祖海:《东湖水质自动监测站投运》,《湖北日报》2011 年 10 月 2 日第 2 版。
❷ WUDDC 于 2008 年报市物价局提高污水处理费,但面临 2008 年雪灾以及随后国内物价指数偏高,一直未能解决。
❸ 这些河流的水质牵涉到不同年份水量的大小、各河流上游排污情况等,武汉市污水处理改善的努力不足以保障河流水质的稳定改善。

表 4-22　武汉市 10 条主要河流的水质等级变化

年份	达到Ⅱ类	达到Ⅲ类	劣于Ⅲ类
2004	金水、滠水、举水、沙河	长江、汉江、东荆河、通顺河、倒水	府河
2005	无	长江、汉江、倒水、举水、金水河、沙河	滠水、青山港、东荆河、蚂蚁河、府河
2006	无	长江、汉江、倒水、举水、金水河、沙河	滠水、青山港、东荆河、府河、蚂蚁河
2007	举水、滠水	长江、汉江、东荆河、倒水、金水、沙河	通顺河、府河
2008	举水、沙河、滠水	长江、汉江、倒水、金水、东荆河、通顺河	府河
2009	滠水、倒水、沙河	长江、汉江、东荆河、金水、举水、通顺河	府河
2010	长江、汉江、滠水、举水、沙河、倒水	金水、通顺河	东荆河、府河
2011	汉江、金水、沙河、举水	长江、滠水、倒水	通顺河、东荆河、府河
2012	汉江、沙河	长江、金水、滠水、倒水、举水	东荆河、通顺河、府河

资料来源:武汉市历年水环境公报。

注:1. 2006 年的水质劣于Ⅲ类实际上为劣于Ⅴ类。

　　2. 长江、汉江分别特指长江武汉段、汉江武汉段。

从武汉市 2004—2011 年湖泊水质来看,符合Ⅱ类的湖泊数量不稳定,劣于Ⅳ类的湖泊数量从 37 个下降至 21 个,符合Ⅲ类的湖泊数量从 8 个上升为 17 个,如表 4-23 所示。湖泊水质在不稳定地改善。

表 4-23　水质达到各级水质标准的湖泊数

(单位:个)

年　份	符合Ⅱ类	符合Ⅲ类	符合Ⅳ类	劣于Ⅳ类
2004	2	8	11	37
2005	3	6	17	41
2006	2	7	20	37
2007	1	7	8	29
2008	1	8	10	36

续表

年　份	符合Ⅱ类	符合Ⅲ类	符合Ⅳ类	劣于Ⅳ类
2009	0	7	12	36
2010	2	17	17	19
2011	0	17	18	21
2012	0	13	21	22

资料来源:武汉市历年水环境公报。

注:各年份所计湖泊总数有差异:2004 年为 58 个,2005 年为 67 个、2006 年为 66 个、2007 为 45 个、2008—
　　2010 年为 55 个,2011—2012 年为 56 个。

　　根据《地表水资源评价技术规程》(SL395—2007)评价标准及分级方法,湖库营养状态按营养轻重程度分为贫营养、中营养、轻度富营养、中度富营养、重度富营养五个级别。如表 4-24 所示,尽管各类营养化状态的湖泊数量不稳定,各年份起伏变化,但高度富营养化的湖泊显著减少。结合表 4-23 所示的湖泊水质状况,应该说武汉市湖泊水质得到了改善。

表 4-24　武汉市各类营养化状态的湖泊数

年份	贫营养化	中营养化	轻度富营养化	中度富营养化	高度富营养化
2004	1	22	10	16	9
2005	1	30	36	12	7
2006	0	30		36	
2007	0	16		29	
2008	0	11	35	9	0
2009	0	11	17	27	
2010	0	23	15	17	0
2011	0	11	25	18	2
2012	0	13	21	22	0

资料来源:武汉市历年水环境公报。

注:1. 2006 年、2007 年的统计中未区分富营养化的程度,仅统计为富营养化湖泊。

　　2. 2009 年的统计中未区分中度富营养化与高度富营养化,计为呈中度富营养状态以上的湖泊 27 个。

　　3. 各年份所计湖泊总数有差异:2004 年为 58 个,2005 年为 67 个、2006 年为 66 个、2007 为 45 个、
　　　 2008—2010 年为 55 个,2011—2012 年为 56 个。

(二)提高了武汉居民的健康生活水平

亚行贷款项目建设的污水收集与处理减少了水污染,改善了饮用水的水质,

从而降低了水生类疾病的患病率,表 4-25 显示了水生类疾病的死亡率下降情况,从一个侧面反映出武汉居民的健康状况改善。

表 4-25　武汉水生类疾病的死亡率(1/10 万)

疾病种类	2004 年	2006 年	2008 年	2010 年	2011 年
呼吸系疾病	54.29	46.87	52.52	47.23	43.67
消化系统疾病	20.13	18.31	19.08	17.17	16.53
传染病	7.92	6.3	10.29	4.54①	—

资料来源:武汉市统计局,武汉市统计年鉴(2005 年、2007 年、2009 年、2011 年、2012 年),http://www.whtj. gov.cn/Article/ShowClass.aspx? classid = 440&classname = % e7% bb% 9f% e8% ae% a1% e5% b9% b4%e9%89%b4。

注:①2009 年数字。

(三)遏制了河流的生态系统恶化趋势

水质是影响河流生态系统的重要因素。河流为物种资源提供了丰富多样的栖息空间,据统计,长江流域分布的鱼类共有 17 目 52 科 178 属 350 多种。[1] 2006 年长江、汉江武汉流域在长江、汉江流域生态考评中,生态综合保护质量居 79 个流域城市之首[2]。2009 年 10 月武汉市成为中国首个通过水生态系统与修复保护验收的城市,来自水利部、中科院、武汉大学的专家认为,武汉在水生态系统保护与修复的试点工作丰富了水生生物多样性,具有推广和借鉴意义[3]。2013 年 4 月 26 日在武汉市硚口区陈家墩拍到难得一见的江豚[4],说明该河段的水质有所改善,河流生态系统恶化的趋势得到遏制。

(四)改善了长江流域的水质

水污染属于典型的跨境污染,因此亚行的武汉污水处理项目有助于改善长江流域水质,特别是对长江下游的水质具有重要影响。根据相关年份的《长江流域及西南诸河的水资源公报》,长江流域Ⅰ、Ⅱ类水河长占评价河长的比率从

---

[1] 蒋固政、李红清:《长江流域水资源开发生态与环境制约问题研究》,《人民长江》2011 年第 1 期,第 100 页。
[2] 龚萍、何文丽:《长江、汉江流域生态考评　武汉居 79 城市之首》,新浪新闻网,http://news.sina.com. cn/c/2006-08-21/11199806599s.shtml,2006 年 8 月 21 日。
[3] 熊金super:《武汉成为首个通过水生态系统与修复保护验收的城市》,新华网,http://news.xinhuanet. com/society/2009-10/22/content_12302816 htm,2009 年 10 月 22 日。
[4] 金文兵、孙慧:《两头江豚汉江露头戏水》,《长江日报》2013 年 4 月 29 日第 3 版。

2001 年的 39% 提高至 2011 年的 44.2%。2001—2011 年是中国经济快速增长时期,而长江流域是中国重要的经济带,能提升Ⅰ、Ⅱ类水质的比率,实属不易。其中,由于武汉是长江流域的超大城市,本项目的实施,对改善长江流域的水质作出了贡献。

六、主要结论及存在的问题

（一）主要结论

（1）项目建设强化了 WUDDC 的环境管理能力,有利于武汉市污水处理的持续发展

WUDDC 是武汉市治理污水和保护水资源的关键主体,亚行在项目实施过程中的标准化和规范化要求与运作,对 WUDDC 的内部常规管理和环境能力产生了重要积极影响。项目建设强化了 WUDDC 在融资、技术、人力资本、管理等各方面的效率,改进了其环境管理。

（2）项目直接增强了武汉市污水处理能力,提高了武汉市污水处理率

三个污水处理厂的建设为武汉市增加了 52 万 m^3/日的污水处理量,占武汉市污水处理规模的 27%,服务于武汉市 29% 的区域,增强了武汉市的污水处理能力。2010 年武汉市污水处理率高达 92%,远高于亚行项目协议目标的 70%。

（3）项目产生了技术效应、政策效应及扩散效应等间接效应,促进了武汉水环境改善

本项目通过大量培训、污水处理厂采用先进设备与工艺、水质模型开发产生了技术效应,直接提高了武汉市污水污泥处理的技术水平。武汉政策制定者与亚行及其项目咨询公司合作多年,对武汉市政策制定者的环境保护意识产生了潜移默化的影响,使这些部门领导更加重视环境,间接地从宏观上推进了武汉市一系列水环境政策出台,产生了政策效应。项目的建设中也传播了项目的综合技术与经验,并推广了水环境保护知识,产生了扩散效应,有利于武汉水环境改善。

（二）存在的问题

（1）项目建设中的技术转让与技术传播不足

项目建设中引进了先进设备与技术,如三金潭污水处理厂的核心设备鼓风机从丹麦进口,消化系统设备主要从德国进口,设备提供方对操作人员进行了基

础培训,提升了该厂的技术水平。同时,设备提供方不传授核心技术,技术主要靠自己摸索,或与研究这方面的国内专家交流。相关人员强调设备提供方在设备安装、调试过程中还格外防范中方技术人员,比如,安装调试过程中,中方人员作为协助者参与,一旦到关键的安装点,他们便支开中方协助者,阻隔了中方人员观摩的机会,不利于充分发挥项目建设的技术效应。

(2)污水处理费的作用未发挥

项目的目标之一为能补偿成本而提高污水处理费。目前0.8元/吨的污水处理费远不够补足处理污水的运营成本,更不用谈污水处理设施的建设成本。为此 WUDDC 污水处理运营和设施建设资金严重不足,对 WUDDC 的发展后劲明显不利。

解决环境问题的理想途径是环境成本内在化,达到污染者付费。污水处理费弥补成本,既能满足污水处理设施建设和运营的需要,改善 WUDDC 的融资能力,又能对企业和居民用水产生价格杠杆作用,更好地促进节约用水和环保意识提高,减少污水排放,从而有效地保护好水资源。

第五章　对华环境援助的 CGE 模型政策模拟

一般可计算均衡(Computable General Eguilibrium,简称 CGE)模型是一个基于新古典微观理论且内在一致的宏观经济模型,以瓦尔拉斯的一般均衡理论为理论基础和框架。CGE 模型具有清晰的微观经济结构以及宏观与微观变量之间的连接关系,它能有效地描述多个市场和结构的相互作用,可以估计某项政策变动的直接与间接影响,乃至对经济整体的全局性影响;同时 CGE 模型通过细致描述宏观经济结构和微观经济主体,得以深入细致地评价政策变动的效应,是全面评估政策实施效果的有效工具。

经前文的理论、现状与实证分析之后,为进一步明确环境援助与减污效应之间的内在关系,根据研究目的和内容,我们构建包含环境援助与污染排放的 CGE 模型,并建立相应的社会核算矩阵(Social Accounting Matrix,简称 SAM),以及对各种函数的参数估计和敏感性检验;然后对环境援助的各种效应进行政策模拟,得出环境援助有效减污效应的相互协调政策方案,并对此进行模拟检验,以获得切实可行的最优政策方案与路径。

第一节　环境援助与污染排放的 CGE 模型设定

Forsund 和 Bergman(1988)开始把环境因素纳入 CGE 分析框架,将污染变量以不同方式纳入生产函数或效用函数,构建资源与环境 CGE 模型,用于评价各种环境或经济政策的环境与经济影响。后来的研究更多地探讨如何把环境污染因素嵌入至 CGE 模型中,如 Xie 和 Saltzman(2000)分析了控制污染政策的实际环境效果以及对经济增长、收入和投资的影响。

为了探讨环境援助与污染排放之间的内在联系,以及对环境援助的效果进行预测模拟,寻求环境政策与经济政策相互协调的最优政策路径,这里借鉴上述资源与环境的 CGE 模型,将环境援助因素也纳入资源与环境的 CGE 模型中,基于 OECD 贸易模型原理,特别借鉴 Xie 和 Saltzman(2000)在模型中引入环境反馈机制的做法以及李善同等(2005)侧重于分析环境的 DRCGEM 模型,建立了相应的 CGE 模型❶。为了增强政策模拟的动态性和预测性,建立了一个包含资源与环境的中国动态 CGE 模型,即 RTECGE 模型,并建立相应的包含资源与环境的 SAM 数据基础,采用环境援助政策模拟方案,对污染排放、有效减污和社会福利等进行政策模拟。

一、CGE 模型扩展

相对于标准的 CGE 模型,这里做了两方面的扩展:一是将生产要素扩展为资本、劳动和能源要素束,并将能源要素束分解为清洁能源与非清洁能源束,且进一步细化清洁能源和非清洁能源❷;二是将污染排放作为一个特殊部门,建立污染排放模块,纳入 CGE 模型中,并将环境援助和污染要素纳入效用函数中。

在 PRCGEM❸ 的基础上,依据 2007 年中国投入产出表(IO)中 144 个投入产出部门,集结成 19 个生产部门的动态 CGE 模型。与大多数 CGE 模型一样,本身是非时间性的,只能用于模拟一个或一些政策冲击的即时效应,本模型为动态 CGE 模型,可以相应的调整时间路径。由于考虑到分析环境援助与污染排放问题,把工业行业中污染排放较大的部门进行相应的细化,其 19 个生产部门,分别是农业、煤炭开采和洗选业、石油和天然气开采业、黑色金属矿采选业、有色金属矿采选业、非金属矿采选业、农副食品加工业、纺织业、造纸及纸制品业、石油加工、炼焦及核燃料加工业、化学原料及化学制品制造业、医药制造业、化学纤维制造业、非金属矿物制品业、黑色金属冶炼及压延加工业、有色金属冶炼及压延加工业和电力、热力的生产和供应业、服务业和其他行业。每一个生产部门都假

---

❶ 刘家悦:《基于 CGE 模型对湖北省贸易保护的政策模拟分析》,《统计与决策》2010 年第 8 期,第 84—86 页。

❷ 刘家悦:《基于 CGE 模型对湖北省贸易保护的政策模拟分析》,《统计与决策》2010 年第 8 期,第 84—86 页。

❸ PRCGEM 是中国社会科学院数量经济研究所与澳大利亚 Monash 大学合作建立的描述中国经济的大型开放式 CGE 模型:其中包括 118 个部门、30 个地区、186 类共近万个方程、250 类数十万个变量。该模型是中国最大的 CGE 模型。

设有着同样的生产函数结构❶。

这里主要介绍 RTECGE 模型的环境援助与污染排放模块、社会福利模块和动态模块。其中,生产模块、价格模型、收入分配模块、需求模块、市场均衡等其他模块和标准的 CGE 模块相似,不再赘述。

二、环境援助与污染排放模块

我们借鉴魏巍贤(2009)在中国能源环境政策分析中的环境污染模块的建模方法,构建环境援助与污染排放模块。对于污染减排成本模型 C1,各部门不同污染物的减排成本是部门产出、污染减排率、污染密度和污染清理价格的函数。污染排放税模型 C2,污染排放税是污染排放税率、各部门产出、污染密度和污染减排率的函数。污染总量模型 C3,是各个部门污染产生量之和。排污价格模型 C4,是一个价格转化方程。减排总量模型 C5 即为剔除价格变动因素的相对减排总量;污染减排率模型 C6 表示为减排总量与总产品中污染需求之比。污染排放量模型 C7 表示污染总量扣除减排总量,将各种污染物的排放税进行加总。

$$PACOST_{g,i} = XP_i * CL_g * d_{g,i} * PA_g \qquad\qquad (\text{模型 C1})$$

$$PETAX_{g,i} = tpe_g * XP_i * d_{g,i} * (1 - CL_g) \qquad\qquad (\text{模型 C2})$$

$$DG_g = \sum_i d_{g,i} XP_i - (e_f + e_d) CL_g \qquad\qquad (\text{模型 C3})$$

$$PA_g = \left(\frac{X_g^0}{TDA_g^0}\right) P_g \qquad\qquad (\text{模型 C4})$$

$$TDA_g = \frac{X_g TDA_g^0}{X_g^0} \qquad\qquad (\text{模型 C5})$$

$$CL_g = \frac{TDA_g}{\sum_i d_{g,i} XD_i} \qquad\qquad (\text{模型 C6})$$

$$DE_g = DG_g - TDA_g \qquad\qquad (\text{模型 C7})$$

其中, g 为污染物的种类, e_f 为国外环境援助投入, e_d 为国内环境治理投入, $PACOST_{g,i}$ 是 i 部门的污染减排成本, XP_i 是 i 部门的产出, CL_g 为污染减排

---

❶　为了简化模型,在此假设各个部门的生产函数都是规模报酬不变的 CES 函数的形式,只是不同的部门具有不同的规模效率参数以及不同的资本产出弹性。

率，$d_{g,i}$ 为污染密度，PA_g 为污染清理价格，DG_g 为污染总量，X_g^0 为基期减排产出，XD_i 为 i 部门的产品需求，TDA_g^0 为减排总量，DE_g 为污染物的净排放量。

三、社会福利模块

综合考虑环境等其他因素，设定社会福利函数，把污染物减排量作为环境指标纳入社会福利函数中，反映居民对良好环境的需求。社会福利是居民对各种商品的消费需求、休闲时间和污染减排量的函数，如模型 C8 所示。

$$U = CES(XD_i, ULE, TDA_g, \Psi_0, \Psi_1 \cdots) \tag{模型 C8}$$

$$TDA_g^0 = (\frac{X_g^0}{e_f + e_d}) P_g$$

其中，U 表示为社会福利函数，XD 为居民消费需求，ULE 为休闲时间，TDA_g^0 为污染减排量，其为国外环境援助和国内环境治理投入的函数，Ψ 为社会福利函数 CES 各层次嵌套的替代弹性。

四、动态模块

在动态模型框架中，C9 和 C10 显示以市场价格计算的 GDP 增长率和劳动生产率的增长率模型。劳动生产率的增长率包括两部分，即适用于所有部门和所有劳动类型中的一致因子 γ^l，以及分部门和劳动熟练程度的因子 χ^l。在基准情景下，假设 GDP 增长率是外生的，用模型 C9 来标定 γ^l 参数。在政策模拟中，假定 γ^l 给定，用模型 C10 来确定 GDP 增长率。简单动态模型的其他要素包括劳动供给的外生增长率，资本的外生增长率和土地生产率的外生增长率，以及投资驱动的资本积累如模型 C11 所示。

$$RGSPMP = (1 + g^y)RGDPMP_{-1} \tag{模型 C9}$$

$$\lambda_{ip,l}^l = (1 + \gamma^l + \chi_{ip,l}^l) \lambda_{ip,l,-1}^l \tag{模型 C10}$$

$$K^s = (1 - \delta)K_{-1}^s + XF_{Zlp,-1} \tag{模型 C11}$$

第二节　对华环境援助与污染排放的 SAM 设定

运用 CGE 模型进行政策模拟时，必须建立相应的数据基础。依据 Xie 和 Saltzman（2000）扩展环境 SAM 的思路与原理，同时借鉴高颖（2008）编制中国资源与环境 SAM 的方法,并在此基础上进一步扩展,建立与之相对应的含有环境援助与污染排放的 SAM。

一、SAM 扩展

早在 20 世纪 60 年代,很多国外学者已开始关注资源与环境的计量与核算问题,并尝试将其纳入社会经济系统之中。但直到目前,关于资源与环境的价值理论尚不完善,相关的核算方法也不够统一和规范。尽管如此,在综合性的社会核算体系下探讨资源、环境与经济发展已是大势所趋。一般来说,资源与环境核算主要是以两种思路将资源与环境纳入国民经济核算体系中,第一种思路是,将资源与环境账户以子账户的形式纳入主体账户中;第二种思路是,将资源与环境信息与国民经济信息相整合,全面嵌入社会核算体系中。第一种思路操作上较便利,可行性较好,又因其刻画账户之间的平衡关系功能较弱,不足以用于深入研究;而第二种思路具有更加严密、系统的理论基础,其提供了一致的资源与环境和社会经济的核算指标,在数据收集与组织上难度较大。这里扩建含有资源、贸易与环境账户的 SAM,属于第二种思路。

资源与环境问题往往与产业部门和生产活动紧密相连,所以对 SAM 的扩展先从投入产出表入手,将经济活动所导致的资源消耗与环境污染等问题纳入经济系统中。由于生产活动、商品、劳动力要素、资本要素、家庭、企业、政府、储蓄和对外贸易等账户与标准的 SAM 账户近似,限于篇幅,在此仅探讨环境援助的资源修复活动、资源修复商品、污染治理活动、污染治理商品、资源产业活动、资源产品和自然资源要素等账户。

二、引入环境援助账户的设立

这里引入环境援助,并将资源、污染物和自然存量三个账户,添加到实物核算部门,则实物核算账户中包含的平衡关系如模型 C12 和 C13 所示。

$$R^d = (R_r^c + R_P^c + R_h^c + R_f^c) - R_e^{\ r} - R_d^{\ r} \qquad \text{(模型 C12)}$$

$$W^e = (W_r^g + W_p^g + W_h^g) - W_e^{\ a} - W_d^{\ a} \qquad \text{(模型 C13)}$$

其中, R_r^c 为资源部门生产过程中资源的消耗量; R_h^c 为居民生活对资源的消耗量; R_p^c 为生产部门生产过程中资源的消耗量; R_f^c 为能源产品的净出口量; R^d

为资源的消耗量；$R_e{}'$ 为环境援助产生的资源修复量；$R_d{}'$ 为国内的资源修复量；W_r^p 为资源部门生产过程中的污染排放量；W_h^p 为居民生活的污染排放量；W_p^p 为生产部门生产过程中的污染排放量；$W_e{}^a$ 为国外环境援助的污染物治理量；$W_d{}^a$ 为国内的污染物治理量；W^o 为自然环境对污染物的吸纳量。即模型 C12 和 C13 分别表示为：资源净存量等于资源修复量减去资源使用量；污染净排放量等于污染产生量减去污染治理量。

以上两个模型反映了引入环境援助后的生产活动与资源、环境之间的作用关系：生产活动消耗一定的资源，并产生污染物排放，但是环境援助会修复一部分资源存量并消耗部分污染排放损害，剩余部分则由自然存量处理。如果资源消耗在自然资源的供给范围之内，且污染排放在自然资源的自净能力范围之内，则社会经济系统处于良性循环之中。

（一）资源修复账户

资源修复活动账户意味着资源的再生产，即通过投入资本和劳动等生产要素，使自然资源不断更新、积累和修复的过程。资源修复部门的总投入等于资源修复的产出，如模型 C14 所示。

$$X^e = (E^e + U^e + Q^e) + (W^e + K^e + N^e + T^e + E_e^e) \qquad （模型 C14）$$

其中，X^e 为资源修复部门的产出量；E^e 为资源修复过程中对污染治理部门的中间投入需求量；U^e 为资源修复过程中对资源的中间投入需求；Q^e 为资源修复过程中对一般生产部门产品的中间投入需求；W^e 为资源修复部门支付的劳动者报酬；K^e 为资源修复部门支付的资本报酬；N^e 为资源修复部门支付的资源环境使用租金；T^e 为资源修复部门缴纳的生产税或得到的政府补贴；E_e^e 为资源修复过程中环境援助投入量。

资源修复部门的总投入类似于一般性生产部门，包括中间产品投入和要素投入等。针对不同属性的资源，其资源修复的过程和特点有所不同，比如，对于以森林为代表的可再生资源，资源修复活动表现为以要素投入，促进资源自然再生的过程，同时也可以人工创造资源；对于矿产类的不可再生资源，资源修复则表现为资源的更新和积累过程，即不断发现新的资源储备的过程；对于水资源类的循环资源，资源修复包括异地更新等。

（二）污染排放治理账户

污染排放治理账户，即污染排放治理的总产出等于污染治理部门的总投入，如模型 C15 所示。

$$X^w = (E^w + U^w + Q^w) + (W^w + K^w + N^w + T^w + E_e^w) \qquad （模型 C15）$$

其中，X^w 为污染排放治理的产出量；E^w 为污染排放治理过程中对污染治理部门的中间投入需求；U^w 为污染排放治理过程中对资源的中间投入需求；Q^w 为污染排放治理过程中对一般生产部门产品的中间投入需求；W^w 为污染排放治理部门支付的劳动者报酬；K^w 为污染排放治理部门支付的资本报酬；N^w 为污染排放治理部门支付的资源环境使用租金；T^w 为污染排放治理部门缴纳的生产税或得到的政府补贴；E_e^w 为污染排放部门环境援助投入量。

如废水处理、固体废物回收等部门，在扩展的 SAM 中被视为与其他生产部门相互独立，具有独立经济核算的单位，在活动中消耗一定的中间投入和要素投入。对于污染治理部门，其产出是净化污染的价值；对于某些固体废物治理来说，回收的废物可再利用，如用于建筑材料生产中，产生新的价值。

（三）环境援助商品账户

环境援助商品账户，即污染治理的总需求等于污染治理的总供给，如模型 C16 所示。

$$(E^e + E^w + E^r + E^p) + C_h^w = X_e{}^e \qquad （模型 C16）$$

其中，$X_e{}^w$ 为环境援助部门的产出量；E^r 为资源部门生产过程中对污染治理部门的中间投入需求；E^p 为一般生产部门生产过程中对污染治理部门的中间投入需求；C_h^w 为居民对生活类污染治理的支出。污染治理部门的产出不是具体可用的产品，而是以达到排放标准为目的的净化服务；这种服务包括两个方面，一是在中间投入环节提供给生产性部门的工业治污服务，二是在最终消费环节提供给居民的生活污染治理服务。

（四）资源产业账户

资源产业活动账户，即资源的总产出等于资源产业部门的总投入，如模型 C17 所示。

$$X^r = (E^r + U^r + Q^r) + (W^r + K^r + N^r + T^r + E_e^r) \qquad （模型 C17）$$

其中，X^r 为资源部门的产出量；U^r 与 Q^r 分别为资源产业部门对资源的中间投入需求及对一般生产部门产品的中间投入需求；W^r、K^r、N^r、E_e^r 分别为资源产业部门支付的劳动者报酬、资本报酬、资源环境使用租金、环境援助投入量，T^r 为资源产业部门缴纳的生产税或得到的政府补贴。

（五）自然资源要素账户

自然资源要素账户❶，即资源环境使用租金等于应支付的资源与环境成本，如模型 C18 所示。

$$N^e + N^w + N^r + N^p = Y^n_c + S_n \qquad \text{（模型 C18）}$$

其中，N^p 为一般生产部门支付的资源环境使用租金；Y^n_c 为企业应支付的资源环境使用租金；S_n 为自然资源储蓄。自然资源要素账户是 SAM 中新增的一个重要的虚拟账户。其核算了一般 SAM 所忽略的资源与环境成本，其包含于资本要素投入之中，是企业应当支付给自然环境而实际上并未支付的环境租金。自然环境为生产活动提供了土地、矿藏、水、大气等环境资产，以及废水、废气和固体废物等排放物的容纳量。自然界承担了经济活动产生的生态破坏、污染排放等损失。因而自然资源要素账户是完整的资源、经济与环境核算所必不可少的。

引入国外环境援助至资源与环境 SAM 中，涵盖了要素收入的分配及再分配核算，基本的原则和核算方法同传统 SAM 相同；但在扩展的 SAM 中，国外环境援助为资源的修复和污染的治理支付一定的费用；家庭为生活污染排放的治理而支付一定的费用；企业收益中也核算了虚拟的资源环境使用租金；政府通过调节对资源环境等部门的税收和补贴实施一定的节能减排政策。

三、数据来源

考虑到资源、贸易与环境核算的相关数据多为微观和局部的，我们采用自下而上的编制 SAM 方法。SAM 中的原始数据来自三方面：一是中国 2007 年投入产出表，二是《中国统计年鉴 2008》《中国能源统计年鉴 2008》《中国经济贸易年鉴 2008》《中国环境统计年鉴 2008》等统计年鉴，三是相关部门的统计报告和调研报告。这些数据的统计口径不同，而且细化的 SAM 大部分需经推算而得，由此可能产生账户不平衡问题，故采用 Theils（1967）的交叉熵方法（CE）❷，对比

---

❶ 自然资源要素账户包括：土地、水、森林、煤炭、石油和天然气。

❷ CE 方法借助 bernoulli 分布的思想，将一个确定性的网络转换成一个具有一定随机性的关联网络，接下来首先按照一个多维的 bernoulli 概率分布生成样本，同时计算出随机割；其次，基于前一步的数据，更新 bernoulli 概率分布 p 参数，使得分布参数逐步逼近最优值产生最大割的稳定估计值。数值实验表明，CE 方法具有很好的稳定性和收敛性，最终也获得比较好的最优解。

新数据集与初始数据集,再最小化新增的信息集,从而调平 SAM,解决账户不平衡问题。❶

第三节　参数估计与敏感性分析

CGE 模型用于分析和预测具体经济运行状况之前,既要确定函数的形式,也需确定函数中参数的值。现有 CGE 模型分析中,估计模型中所有参数的方法有三种:一是校准基准年份的一致性数据,主要是除弹性参数外的其他参数;二是以计量经济学方法对可能得到足够数据进行参数估计;三是以已有研究的估计参数为参考,结合宏观经济特征进行一定的修正。我们结合这三种方法估计模型中的参数,并进行敏感性分析。

一、CES 参数的估计

关于 CES 生产函数参数估计的数据选取,在本文的部门 CES 生产函数估计中,衡量产出的变量采用含营业税的增加值,资本采用资本存量,劳动用从业人员数表示。关于 CES 函数的参数估计,取得相关参数的信息后,采用贝叶斯方法。这里借鉴 Chetty(1969)用叶贝斯方法估计 CES 生产函数,其方法易于扩展至两种以上的投入要素;同时参考 Zeiss et al.(1999)以叶贝斯方法估计嵌套的 CES 函数以及 Adkins et al.(2003)以叶贝斯方法估计超越对数函数。

对 CES 生产函数两边取对数,引入误差项 ε,并假设 K、L 为外生变量且独立于 ε,得到模型如下所示。

$$q - k = \alpha - (1/\rho) * \ln[\delta + (1 - \delta) * e^{-\rho(1-k)}] + \varepsilon$$

其中 $q = \ln Q$,$k = \ln K$,$l = \ln L$,$\alpha = \ln \gamma$。假设 ε 服从均值为零,方差为 T 的正态分布,记参数向量 $\theta = (\alpha, \delta, \beta, T)$。则似然函数如下所示❷。

$$l(\theta \mid q) \propto \tau^{n/2} \exp\left[- (\tau/2) \sum_{i=1}^{n} (q_i - k_i - \mu_i)^2 \right]$$

其中 $\mu_i = \alpha - (1/\rho) \ln[\delta + (1 - \delta) e^{-\rho(l_i - k_i)}]$。对于未知参数的先验信息

❶ 刘家悦:《基于 CGE 模型对湖北省贸易保护的政策模拟分析》,《统计与决策》2010 年第 8 期,第 84—86 页。

❷ Lancaster T., An Introduction to Modern Bayesian Econometrics [M]. Blackuell pubishing Ltd., 2004. pp. 28–38.

$p(\theta) = p(\alpha,\delta,\beta,\tau)$：假设 α 服从正态先验分布，τ 服从 Gamma 先验分布；对于 δ，因其取值范围为 $(0,1)$，将该区间上的均匀分布作为其先验分布；对于 ρ，根据郑玉歆等（1999），中国不同部门的生产弹性值 $\sigma = 1/(1+\rho)$，其范围介于 0.1 与 2，故取 $(-0.5,9)$ 区间上的均匀分布作为 ρ 的先验分布。因此给定观测数据 Q、K、L 后，参数向量的联合后验概率密度如模型所示❶。

$$p(\theta \mid Q,K,L) \propto p(\theta) \; ? \;(\theta \mid q)$$

运用积分方法，可得到所需要参数的后验密度。分别对 ? 和 α 进行积分，得出参数 α,δ,β 的联合后验密度，也可以得到单个参数的边缘后验密度。计算时为确保参数的收敛性，模型先预抽样 1000 次，然后再进行 10000 次。

二、LES 参数估计

Chipman（2000）在消费需求理论中，提出线性支出系统（LES）❷，为消费者对价格和收入反映的便利模型，并且它的线性性质使其更具吸引力。由于 LES 满足古典需求理论所要求的需求函数的五个基本性质：非负性、可加性、零阶齐次性、对称性和单调性，可用于对消费资料的时间序列分析和截面资料分析。所以，在 CGE 模型中采用 LES 方程构建需求模块，对于其参数的估计，借鉴 Dervis et al.（1982）的方法，LES 设定为如下模型所示。

$$C_i = \gamma_i + \frac{\beta_i}{P_i}\Big(Y - \sum_i P_i \gamma_i\Big) \qquad\qquad （模型 C19）$$

其中，Y 是某居民类型总的名义消费支出，γ_i 是对商品的基本需求量，$\sum_i P_i \gamma_i$ 是总的基本需求支出，β_i 是在满足基本需求之后用于第 i 种商品的支出比例，即对商品 i 的边际预算份额，它决定基本消费之外的消费在不同商品之间的分配，表示为居民消费增量占收入增量的比例，有 $0 \le \beta_i \le 1$，$\sum \beta_i = 1$。$Y - \sum_i P_i \gamma_i$ 是总收入减去基本需求支出后的余值，并按 β_i 的比例分配于不同商

---

❶ 式中 ∝ 表示成比例。

❷ LES 最初由 Klein and Rubin 于 1947 年提出的一种直接效用函数，其是一个经济意义明确、广泛应用的需求函数模型系统，它是一个联立方程模型，其基本假设是：某一时期人们对各种商品/服务的需求，分为基本需求和超出基本需求之外的需求两个部分，基本需求与收入水平无关；某种商品的边际预算份额对于所有的消费者都相同。

品的消费❶。

采用 Mohora(2006)对发展中国家采用-2.0 的标准来确定 Frisch 参数值❷。给定平均边际预算份额 α_i 和支出弹性 ε_i ，边际预算份额为 $\beta_i = \varepsilon_i \alpha_i$ ，且 $\sum_i \beta_i = 1$ 。其基本需求和支出弹性可分别表示为模型 C20 和模型 C21 所示。

$$\gamma_i = \frac{Y}{P_i}\left(\alpha_i + \frac{\beta_i}{\varphi}\right) \qquad\qquad （模型\ C20）$$

$$\varepsilon_i = \beta_i \frac{Y}{C_i P_i} \qquad\qquad （模型\ C21）$$

把模型 C20 转化成实证计量形式如模型 C22 所示。

$$P_i C_i = \alpha_i + \beta_i Y + \mu_i \qquad\qquad （模型\ C22）$$

式中 μ_i 为误差项。根据统计年鉴中按收入分组的居民调查资料，可以利用回归方法估计出参数 α_i 和 β_i 的值，进而可以求得 LES 中的支出弹性。根据模型 C19 则支出弹性系数为模型 C23 所示❸。

$$\varepsilon_i = \beta_i \frac{Y}{P_i C_i} = \frac{d(P_i C_i)/dY}{P_i C_i / Y} \qquad\qquad （模型\ C23）$$

模型 C23 中的分子和分母都可以用两个不同年份的投入产出表直接计算，基本需求可以用模型 C20 计算，这样可以克服居民调查资料与 CGE 模型中的部门划分不吻合的问题。在缺乏详细的居民调查统计数据情况下，虽然没有相关的统计分析，仍为值得借鉴之法。

由于实证模型 C22 是一个线性方程系统，其中的每个方程是一个普通线性方程，但基于居民对不同商品的需求之间可能存在相关性，即居民对不同商品需求的 LES 函数的误差项 μ_i 之间存在相关性，则整个方程系统就通过 μ_i 联系起来而不导致不满足普通最小二乘法（OLS）估计的前提假设，而似不相关回归（SUR）方法联合估计整个方程系统，利用各方程误差项之间的相关信息改进参数估计结果，从而比用传统 OLS 多次单独地估计每个方程更加有效。为此，采

❶　赵永、王劲峰：《经济分析 CGE 模型与应用》，中国经济出版社 2008 年 6 月第 1 版，第 194—195 页。

❷　Frishch 参数建立了自价格弹性和收入弹性之间的关系，对于估计自价格信息获取困难的情况下，它很重要，实际构建 CGE 模型时，建模者通常倾向于采用收入弹性和 Frishch 参数。

❸　在 LES 中，本文令 $\beta_i = d(C_i P_i)/dY$ 。

用 SUR❶ 方法估计模型参数。

三、参数估计结果

(一)CES 和 CET 参数估计结果

通过以上的分析方法,对 CGE 模型中各部门的 CES 生产函数参数值和 CET 弹性参数值进行估计。数据主要来源于本研究中核算的资源、贸易与环境 SAM,历年《中国统计年鉴》《中国能源统计年鉴》《中国经济贸易年鉴》《中国环境统计年鉴》等;相关部门的统计报告和调研报告对模型参数估计也起到关键的作用。

在估计工具中,经典线性估计方法利用 Eviews6.0 软件估计;贝叶斯估计利用 WinBUGS 1.4.3 软件估计❷。具体参数估计如表 5-1 所示。

表 5-1　引入环境援助各部门 CES 和 CET 参数估计结果

部　　门	CES 效率参数	CES 份额参数	CES 替代弹性	CET 弹性值
农业 *	1.038	0.256	0.326	3.051 *
服务业 *	1.663	0.303	0.523	3.032
资源修复业 **	1.065	0.305	0.653	3.633
污染治理业 ***	1.653	0.266	0.235	3.633
资源产业 **	1.635	0.253	0.538	3.532
煤炭开采和洗选业 *	1.653	0.463	0.603	3.143
石油和天然气开采业 *	1.088	0.466	0.513	3.343
黑色金属矿采选业 ***	1.634	0.341	0.803	4.083
有色金属矿采选业 *	1.435	0.433	0.511	3.103
非金属矿采选业 *	1.563	0.463	0.618	3.863
农副食品加工业 *	1.065	0.486	0.538	4.863
纺织业 **	1.563	0.353	0.356	4.135
造纸及纸制品业 *	1.863	0.456	0.338	4.365

❶ SUR 估计由 Zellner 于 1962 年提出,它假设各方程的误差项在相同时间点上具有相关性,但在不同时间点上不具有相关性,即所谓的同期相关。

❷ WinBUGS1.4.3 软件使用,参见 http://www.mrc-bsu.cam.ac.uk/bugs/。

续表

部　　　门	CES 效率参数	CES 份额参数	CES 替代弹性	CET 弹性值
石油加工、炼焦及核燃料加工业 *	1. 356	0. 308	0. 356	3. 188
化学原料及化学制品制造业 *	1. 434	0. 316	0. 843	4. 533
医药制造业 **	1. 586	0. 328	0. 866	3. 565
化学纤维制造业 **	1. 218	0. 336	0. 663	2. 335
非金属矿物制品业 **	1. 133	0. 263	0. 633	2. 663
黑色金属冶炼及压延加工业 **	1. 658	0. 308	0. 613	3. 053
有色金属冶炼及压延加工业 **	1. 365	0. 232	0. 515	3. 553
电力、热力的生产和供应业 *	1. 263	0. 315	0. 385	3. 536
其他行业 ***	1. 865	0. 335	0. 613	3. 633

注:1.“ * ”“ ** ”“ *** ”分别表示使用的估计方法为,经典线性估计、贝叶斯估计和广义最大熵估计。

　2.CES 函数采用规模报酬不变形式。Armington 和 CET 参数估计采用经典线性化方法。

关于中间投入与总要素投入之间的替代弹性,在设定的 CGE 模型中,生产函数的顶层描述了中间投入与基本生产要素投入之间的关系,其中需要外生设定的参数是中间投入与基本生产要素总投入之间的替代弹性。这里借鉴 Zhai 等(2005)的数据,所有部门均采用 0. 10 的弹性值。❶

（二）LES 参数估计结果

根据实证模型 C22,采用 SUR 方法估计参数,数据主要来自 2009 年《中国价格及城市居民家庭收支调查统计年鉴》不同收入分组的消费支出统计的截面数据,而其中城镇居民消费支出统计的截面数据,仅有八个消费大类,而农村住户调查年鉴中关于农村居民消费支出的数据比较粗糙,没有详细的分商品门类的统计数据,都不完全符合所构建的资源、贸易与环境 SAM 的要求。所以,难以获得准确的数据,在模型的估计中,为了提高估计的准确性,忽略了不同部门的特殊性,并没有进行部门分类估计,而是估计一个大类部门,来代替所有部门的参数值。具体的参数估计结果如表 5-2 所示:

---

❶　这里 CGE 模型中顶层采用的是 Leontief 函数形式,即中间总投入和要素总投入之间是没有替代性的,替代弹性为 0,所以,可以不设定此参数。在此设定是考虑到顶层生产函数采用 CES 的形式。参见刘家悦:《基于 CGE 模型对湖北省贸易保护的政策模拟分析》,《统计与决策》2010 年第 8 期,第 85 页。

表 5-2　LES 参数估计结果

居民分类	基本需求(元/人)	边际预算份额	收支弹性
城镇居民	6165	1	0.974
农村居民	4534	1	1.046

对于模型中的其他参数,利用设定的 SAM 基础数据,采用 Harberger(1962)的校准方法,设商品和要素的价格为一个单位,由此在基期均衡中它们为单位价格。因 SAM 中包含各项交易的名义值,有了基年商品和要素的价格,便可求出所有商品和要素的实际数量,为此模型变量可以由 SAM 导出,依模型方程计算出模型参数。

四、敏感性分析

考虑到中国投资主要来自于政府投资和受政府政策影响大的情形,借鉴 Decaluwé et al.(1987)等提出的 CGE 模型必然存在过度识别问题,将投资和政府开支都看成外生,采用 Kaldorian 闭合规则,放弃要素市场的优化条件,通过收入分配机制达到储蓄和投资的平衡。❶

Hertel(1999)认为,从提高模拟结果的可信度出发,CGE 模型有必要改变宏观闭合规则和不同的生产要素替代弹性、Armington 弹性等参数值,对其进行敏感性分析。第一,在弹性值不变的条件下,改变不同的宏观闭合规则,分别在 Keynes 闭合、Neoclassical 闭合、Johansen 闭合与 Kaldorian 闭合规则条件下进行模拟,对比分析输出的结果、均值、标准差等相关统计量,特别是变异系数值显示出,对 GDP 和污染排放的影响相差较大,分别为 0.012% — 0.025% 及 0.0012% — 0.0031%。另外,假设模型结果服从正态分布,则其平均值在 95% 的置信水平上,所有变量都在置信区间内变动。结合中国实际情况和模拟的准确性来看,选取的模型闭合规则合理。第二,在弹性值敏感性分析中,基于计量估计与相关文献中的弹性值差异较大以及 CGE 模型本身具有的不足,假设其服从均匀分布,CES 弹性 0.1 — 3.0,Armington 和 CET 转换弹性 0.1 — 10,居民消费需求支持弹

---

❶ 刘家悦:《基于 CGE 模型对湖北省贸易保护的政策模拟分析》,《统计与决策》2010 年第 8 期,第 84—86 页。

性 0.1—2.5。通过随机选定弹性值进行模拟,模拟的结果全部落在95%置信区间内,初始弹性值与随机选定的弹性值模拟结果的均值很接近,故弹性值的选取较为合理。❶

第四节　对华环境援助的政策模拟

在扩展 CGE 模型和 SAM 以及完成对各函数的参数估计和敏感性检验之后,我们将对促进有效减排的环境援助政策进行政策模拟分析,以寻求切实可行的政策效果。在环境援助形式上,主要包括资金和技术援助,假定资金援助包括无息贷款和无偿资金;技术援助包括技术转移和污染治理设备转移。考虑到政策变量必须量化才能纳入 CGE 模型中,这里利用目前广泛使用的 GAMS 软件❷对 CGE 模型进行模拟求解,探讨其直接减污效应、规模效应(经济增长效应)、结构效应、技术效应、挤入挤出效应、社会福利效应,以寻求促进经济增长与环境协调发展的对华环境援助政策。

一、对华环境援助的直接减污效应

环境援助的直接减污效应,主要从其对废水、固体废物排放、工业二氧化硫排放和二氧化碳排放的影响方面进行模拟分析。环境援助采用 Hick et al.(2008)建立的 PLAID 数据库中 2007 年的数据作为基期数据,可以与 2007 年中国工业企业数据库匹配,估算出分类援助的投向方式。把环境援助的无息贷款、无偿资金、技术转移和节能减排设备投入相对于基期❸,分别提高 10%、20%、40%、80% 和 100% 5 种情景下,利用 GAMS 软件对 CGE 模型进行模拟求解,其相对于基期变化的结果如表 5-3 和表 5-4 所示。

(一)环境援助政策对废水和固体废物排放的影响

通过 CGE 政策模拟,分别获得对整个行业的工业废水和固体废物排放的数

---

❶ 刘家悦:《关税冲击下的贸易与环境效应分析——基于湖北省静态的区域 CGE 模型分析》,《中南财经政法大学研究生学报》2010 年第 4 期,第 20 页。

❷ GAMS 全称 General Algebraic Modeling System,是世界银行为复杂大型的建模应用度身订造的一个用于数学规划问题的高级建模系统,是现在求解 CGE 模型最常用的软件。

❸ 因投入产出表 5 年公布一次,课题进行时 2012 年投入产出表仍未获得,故采用 2007 年作为基期数据处理。

据如表5-3所示：

表5-3　环境援助政策对工业废水和固体废物排放影响的模拟结果

污染物	情景设定	无息贷款	技术转移	无偿资金	节能减排设备
工业废水	情景1	-0.001	-0.002	-0.003	-0.004
	情景2	-0.033	-0.056	-0.054	-0.069
	情景3	-0.075	-0.121	-0.099	-0.168
	情景4	-0.102	-0.272	-0.154	-0.258
	情景5	-0.113	-0.396	-0.209	-0.441
固体废物	情景1	-0.003	-0.003	-0.004	-0.005
	情景2	-0.052	-0.067	-0.036	-0.071
	情景3	-0.104	-0.192	-0.068	-0.179
	情景4	-0.187	-0.282	-0.104	-0.293
	情景5	-0.236	-0.401	-0.273	-0.535

　　模拟结果在表5-3中显示：一方面，各项环境援助与工业废水和固体废物排放成负相关关系，且对工业废水排放的影响要小于对固体废物的排放；其中，国外节能减排设备援助投入对工业废水和固体废物排放的影响最大，在5种情景下，分别使得废水排放降低0.4%、6.9%、16.8%、25.8%和44.1%；工业固定废物排放降低0.5%、7.1%、17.9%、29.3%和53.5%；其次为技术转移、无偿资金和无息贷款。

　　另一方面，环境援助在初始阶段边际减污呈现递增趋势，但后期边际减污呈现递减趋势。在情景1至3之间，环境援助效果较理想，降低工业废水和固体废物排放的幅度较大。情景3至5之间，虽然能进一步降低污染排放，但是其降幅要远远小于前3种情景。为此，考虑到时间的连续性，在引进环境援助方面，短时间内应该引入具有合理回报率的项目额度，随着时间的推移，项目的发展，逐步加大环境援助的力度，否则存在边际减污递减的现象。

　　（二）环境援助政策对工业二氧化硫和二氧化碳排放的影响

　　通过CGE政策模拟，获得对整个行业二氧化硫和二氧化碳排放的数据如表5-4所示。

表 5-4 可以得出,各项环境援助与工业二氧化硫和二氧化碳排放成负相关关系,且二氧化碳排放降幅要大于工业二氧化硫;其中,环境技术转移对二氧化碳和工业二氧化硫排放的影响最大,但小于对固体废物和工业废水排放的影响。环境技术转移在 5 种情景下,分别使得二氧化碳废物排放降低 0.5%、7.7%、19.4%、22.7% 和 42.1%;工业二氧化硫排放降低 0.4%、6.7%、13.7%、20.9% 和38.3%;其次为节能减排、无偿资金和无息贷款。

表 5-4　环境援助政策对工业二氧化硫和二氧化碳排放影响的模拟结果

污染物	情景设定	无息贷款	技术转移	无偿资金	节能减排设备
二氧化硫	情景 1	-0.001	-0.004	-0.002	-0.004
	情景 2	-0.016	-0.067	-0.017	-0.044
	情景 3	-0.028	-0.137	-0.053	-0.097
	情景 4	-0.067	-0.209	-0.086	-0.121
	情景 5	-0.093	-0.383	-0.112	-0.235
二氧化碳	情景 1	-0.001	-0.005	-0.002	-0.003
	情景 2	-0.012	-0.077	-0.021	-0.036
	情景 3	-0.031	-0.194	-0.079	-0.088
	情景 4	-0.069	-0.227	-0.104	-0.133
	情景 5	-0.094	-0.421	-0.189	-0.267

此外,环境援助对工业二氧化硫和二氧化碳排放的减排影响,和对工业废水以及固体废物排放的影响具有相同的规律,即在情景 1 至 3 之间,其援助效果比较理想,对降低二氧化碳和工业二氧化硫排放的减排幅度较大。在情景 3 至 5之间,援助的效果较小。援助对二氧化碳减排的影响要大于二氧化硫,是由于国外环境援助更多的针对全球性环境问题,项目的针对性较强所致。根据以上所得数据,整理出其边际效果如图 5-1 所示,在引进环境援助方面,应结合自身的吸纳能力,遵循环境援助边际减污递增到递减阶段的特征,以获得减污最优化路径。

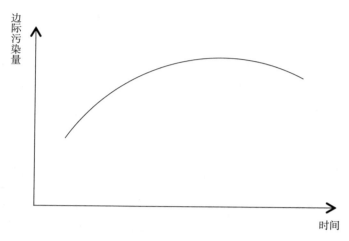

图 5-1 环境援助边际减污效应图

二、对华环境援助的规模效应

环境援助规模效应在于援助本身直接增加受援国的收入,并在长期间接地促进受援国的经济增长,生产和消费增加,在产业结构和污染排放强度不变前提下,提高污染物排放和资源消耗,恶化环境。

环境援助的规模效应,主要从其对 GDP 增量的影响方面进行模拟分析。把环境援助的无息贷款、无偿资金、技术转移和节能减排设备投入相对于基期,分别提高 10%、20%、40%、80% 和 100%5 种情景下,利用 GAMS 软件对 CGE 模型进行模拟求解,其相对于基期变化的结果如表 5-5 所示:

表 5-5 经济增长效应模拟结果

环境援助	无息贷款	无偿资金	技术转移	设备投入
10%	0.000	0.000	0.000	0.000
20%	0.001	0.002	0.000	0.000
40%	0.003	0.004	0.001	0.001
80%	0.004	0.005	0.006	0.007
100%	0.012	0.015	0.008	0.011

注:表中 0.000 取近似值。

表 5-5 的模拟结果显示,环境援助提高与 GDP 增量成微弱的正相关关系,其中在情景 1 和情景 2 下,环境援助的提高幅度不足以影响经济的变化,其规模效应较小,当环境援助额度足够大的时候,其规模效应才能逐步显现。另一方面,在具体的环境援助措施中,无偿资金的规模效应相对较大,环境技术转移对 GDP 的影响作用较小。结果显示环境援助存在规模效应毋庸置疑,目前对中国来说,环境援助的规模效应较小,有利于改善环境。

三、对华环境援助的结构效应

环境援助的结构效应来自援助改变原有的资源配置和生产的产业结构,在经济总量和污染排放强度不变的情况下,产业结构清洁化则改善环境,产业结构污染化则恶化环境。

环境援助的结构效应,主要从其对产业结构和贸易结构影响方面进行模拟分析。产业结构主要考察服务业占全部产业的比重变动情况;贸易结构主要考察新兴产业出口额占出口总额的比重。

同上,把环境援助的无息贷款、无偿资金、技术转移和节能减排设备投入相对于基期,分别提高 10%、20%、40%、80% 和 100% 5 种情景下,利用 GAMS 软件对 CGE 模型进行模拟求解,其产业结构和贸易结构相对于基期变化的结果如图 5-2 和图 5-3 所示:

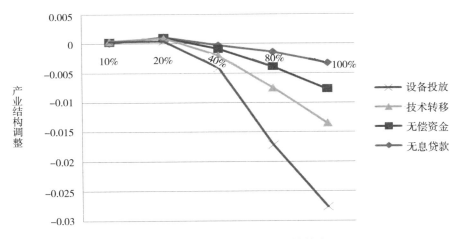

图 5-2　环境援助的产业结构效应

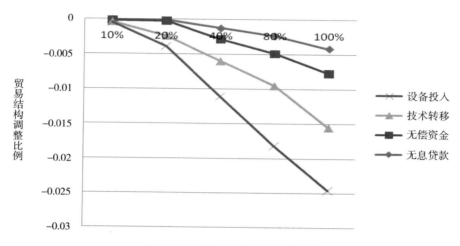

图 5-3　环境援助的贸易结构效应

图 5-2 和图 5-3 的模拟结果显示,在情景 1 的条件下,环境援助提高与产业结构优化升级成微弱的正相关关系,其中在情景 2 至情景 5,环境援助的提高并没有提高服务业比重,反而具有固化倾向,其产业结构效应为负面,尤其是设备投入和技术转移负面效应较大,无息贷款负面效应较小。另一方面,环境援助对新兴产业出口贸易所占出口贸易总额的增加并没有起正面作用,和对产业结构效应同理具有负面效应,且仍然是设备投入和技术援助的负面效应最大。

从产业和贸易结构方面来说,环境援助并没有优化国内经济结构,并具有强化落后产业优势的固化倾向。如何发挥环境援助的正面结构效应,通过结构效应进一步改善环境,值得进一步深层次探讨。

四、对华环境援助的技术效应

国际环境援助的技术效应体现在多层面上,这里主要突出直接技术效应和间接技术效应,前者体现在援助项目直接采用先进技术设备如排污设备,改进技术清洁度,提高全要素生产率;后者体现为援助项目产生的技术溢出效应,能在经济总量和产业结构保持不变时,污染排放强度下降,降低 GDP 的单位能耗,改善环境。

(一)直接技术效应

为简化说明,考察环境援助政策的技术效应时,考察环境援助的无偿资金项目,分别提高 10%、20%、40%、80% 和 100% 5 种情景下,模拟固定资产投资变动情况;结合实际从业人员数量,利用 DEA 间接测量环境援助的技术效应。

根据 Fare 等(1994)测量技术溢出效应的基本原理及方法,构建基于 DEA 的 Malmquist 指数方法,以估计环境援助导致固定资产变动情况,间接考察其对全要素生产率的变动情况。在 DEA 条件下,在固定规模报酬(C),投入要素可处置(S)条件下的参考技术,潜在技术前沿被定义为:[1]

$$L^t(y^t \mid C, S) = \left[(x_1^t, \cdots, x_n^t) : y_{k,m}^t \leq \sum_{k=1}^{K} z_t^k y_{k,m}^t x_{k,n}^t \geq \sum_{k=1}^{K} z_t^k x_{k,n}^t * z_t^k \geq 0 \right]$$

其中 z 表示每一个横截面观察值的权重。在此基础上,计算基于投入技术效率的非参数规划模型如下:

$$F_i^t(y^t, x^t \mid C, S) = \min \theta^k$$

$$y_{km}^t \leq \sum_{k=1}^{K} z_k^t \cdot x_{kn}^t \qquad m = 1, \cdots, M$$

$$s.t \quad \theta^k x_{kn}^t \geq \sum_{k=1}^{K} z_k^t \cdot x_{kn}^t \qquad n = 1, \cdots, N$$

$$Z_k^t \geq 0 \qquad k = 1, \cdots, K$$

然后,根据 Caves(1982)基于投入的全要素生产率指数可以用 Malmquist 生产率指数来表示:

$$M_i^t = D_i^t(y^t, x^t) / D_i^t(y^{t+1}, x^{t+1})$$

把 Malmquist 生产率变化指数分解为相对技术效率的变化和技术进步的变化。则 $M_i = E * TP$,其中 M_i 为两段时间之间的 Malmquist 生产率变化指数。EC 是技术效率变化指数,TC 是技术进步变化指数,这个指数测量两段时间之间技术边界的移动。这两个指标大于 1 表示技术效率的改善或者技术进步;而小于 1 时则表示技术效率的降低或者技术进步倒退。具体结果如图 5-4 所示。

图 5-4 模拟结果显示:国外环境援助可产生正向的技术溢出效应,环境援助额度与平均生产率(M)、技术效率(EC)和技术进步率(TC)增长指数成正向关系;在情景 1 至 3 的条件下,环境援助提高与技术溢出效应成微弱的正相关关系,其中在情景 4 至情景 5,环境援助的增加提高技术溢出的速率,尤其是在情景 5 的条件下技术溢出效应得以极大的发挥。值得关注的是,在 5 种情景中技

---

[1] 魏权龄:《评价相对有效性的 DEA 方法——运筹学的新领域》,中国人民大学出版社 1988 年版,第 36—41 页。

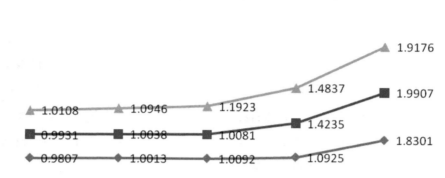

图 5-4 环境援助的技术效应

术进步率(TC)大于技术效率,而技术效率又大于平均生产率。综上所述,环境援助对我国存在明显的技术溢出效应,且随着援助款项的增加呈递增趋势,从提高技术水平的角度来说,应加大对华环境援助款项。

(二)间接技术溢出效应

考察环境援助的间接技术效应,我们借鉴国外学术界通用的做法,采用单位GDP 能耗❶作为技术溢出间接效应的衡量指标,情景设置仍然不变,通过 CGE 政策模拟,环境援助对单位 GDP 能耗的影响如表 5-6 所示:

表 5-6　环境援助对单位 GDP 能耗影响的模拟结果

环境援助	无息贷款	无偿资金	技术转移	设备投入
10%	−0.000	−0.000	−0.001	−0.001
20%	−0.001	−0.001	−0.002	−0.002
40%	−0.003	−0.004	−0.004	−0.003
80%	−0.007	−0.008	−0.016	−0.011
100%	−0.016	−0.012	−0.028	−0.021

注:表中 0.000 取近似值。

---

❶ 由文中 CGE 模型模拟结果产生的能源消耗总量数据除以 GDP 总量数据而得。

模拟结果表 5-6 显示,一方面,环境援助具有间接的技术溢出效应,环境援助降低 GDP 单位能耗,其中环境技术转移和设备投入效果最明显,技术转移在 5 种情景下,分别使得 GDP 单位能耗降低 0.1%、0.2%、0.4%、1.6% 和 2.8%,其次是环境技术设备投入、无偿资金和无息贷款。另一方面,在情景 1 和情景 2 的情况下,除技术转移和设备投入外,其余政策效果较小。

环境援助对降低单位 GDP 能耗有一定的积极作用,但是相对于其他的效应,其政策效果并非很理想。可能没有考虑诸如碳锁定、政策滞后性等相关路径依赖,以及中国目前正处于工业化后期阶段,并不能通过行政手段强行淘汰落后的传统制造业,即意味着技术进步是一个不断的累积与进化的过程,并不能一蹴而就。

五、对华环境援助的挤出挤入效应

国际环境援助的挤出效应,表现在国际环境援助的增加导致受援国环境投入减少的现象;挤入效应则相反,国际环境援助带动受援国的环境投入增加。我们从实践出发,利用包含环境与资源的 SAM 社会核算矩阵,从政策模拟角度实证检验对华环境援助是否存在挤出效应与挤入效应,并有助于分析最优的环境援助规模。

环境援助政策的挤出效应,主要从其对环境投入项目款项增量的影响方面进行模拟分析。把环境援助的无息贷款、无偿资金、技术转移和节能减排设备投入相对于基期,分别提高 10%、20%、40%、80% 和 100%5 种情景下,利用 GAMS 软件对 CGE 模型进行模拟求解,其相对于基期的变化结果如图 5-5 所示:

图 5-5 的模拟结果显示,环境援助存在挤出与挤入并存现象。在情景 1—3 条件下,国外环境援助提高与国内环境项目款项投入增量成正相关关系,即存在挤入效应;随着环境援助投入的进一步增加,挤出效应逐步显现;在情景 4—5 条件下,无息贷款与无偿资金的挤出效应逐步显现,而此时技术转移与设备投入仍然存在较强的挤入效应。

按照环境援助的类别不同,其挤入与挤出效应也不同。一方面,无息贷款与无偿资金在增量逐步提高的初始阶段,可能需要配套资金,或者项目款项不足,其对国内环境投入存在明显的挤入效应,但随着环境投入进一步增大时,由于资金充足,不需要国内更多的投入,此时挤出效应开始显现。另一方面,国外环境

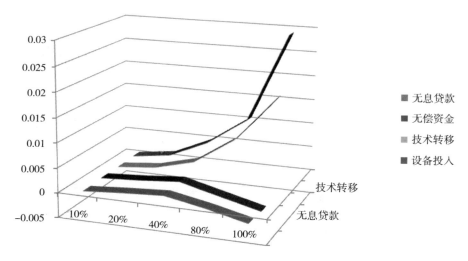

图 5-5　环境援助的挤出效应

技术转移和设备投入,由于后期需要升级与维护,在资金配套与维护资金方面,产生刚性需求,故自始至终存在挤入效应。综上所述,环境援助对目前中国的经济规模与结构来说,主要存在挤入效应,应加大环境援助的技术转移与环境设备的投入力度。

六、对华环境援助的社会福利效应

环境援助能够产生规模效应、结构效应、技术溢出效应,并能降低污染排放,提高人们生存环境质量水平。能否间接地提高居民的社会福利水平,需要进一步模拟分析。考虑到农村居民对环境质量的需求或敏感性较小,而社会福利函数包含环境质量水平,故主要模拟其对城镇居民的社会福利水平更具有代表性。情景设置仍然不变,环境援助对城镇居民社会福利水平的影响如图 5-6 所示:

模拟结果图 5-6 显示,环境援助各项政策都促进城镇居民福利水平的提高。

一方面,无偿资金对居民的社会福利影响最大,其次为技术转移和设备投入;在情景 1 和情景 3 中,环境援助各项政策都会促进居民社会福利水平的提高,但是在情景 3 至情景 5 中,其正相关速率较大。即在情景 3 的条件下,存在明显的拐点现象。另一方面,与其他环境援助政策效应不同,技术转移与设备投

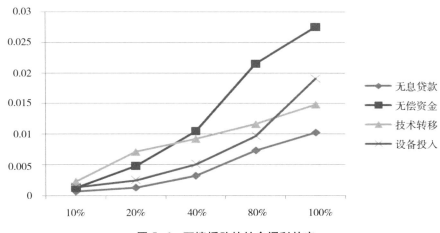

图 5-6 环境援助的社会福利效应

入社会福利效应并非最大,无偿资金在情景 3 之后远远超过其他几种环境政策福利效应。意味着无偿资金投入加大会带来直接的福利水平,而技术转移与设备投入不断增加,需要不断地消化与吸收,其福利效应相对滞后。

综上所述,从社会福利效应角度考虑,环境援助的款项应该越多越好,技术转移与设备投入需要一个积累的过程,才能更好地发挥其社会福利效应。应该综合各个方面政策效果进行权衡,以获得社会福利最大化。

第五节 对华环境援助的最优政策路径选择

通过理论、案例和实证分析,进一步明确了环境援助的直接减污效应、规模效应、结构效应、减污效应、技术效应、挤出挤入效应和社会福利效应,并对环境援助政策分别进行政策模拟分析,得出了具体的环境援助效应大小。在综合其政策模拟的效果基础上,为平衡环境援助与减污效应之间的动态最优路径,我们将设定促进有效减污与经济发展的环境援助政策的组合方案,继续采用 CGE 模型对其进行政策模拟分析,以获得可行的最优政策路径。

一、最优政策方案设定

中国既要促进经济发展又要提高环境质量水平,提高居民的社会福利水平,走经济最优增长与环境保护并存的道路。为此，根据上文政策模拟的结果进行择优选择，确定其最优政策方案并对其进行检验。

根据环境援助政策的模拟结果，并结合现实的可行性，从直接减污效应考量，无息贷款和无偿资金相对于基期，分别提高10%至40%；技术转移和节能减排设备投入相对于基期，分别提高40%至80%。从规模效应考量，无息贷款、无偿资金、技术转移和节能减排设备投入相对于基期，分别提高50%至90%。从产业和贸易结构方面考量，无息贷款、无偿资金、技术转移和节能减排设备投入相对于基期，分别提高10%至50%。从直接技术溢出效应考量，技术转移与设备投入分别提高60%至80%；无息贷款与无偿资金分别提高20%至40%。从间接技术溢出效应考量，技术转移与设备投入分别提高40%至60%；无息贷款与无偿资金分别提高10%至30%。从社会福利效应考量，无偿资金提高80%至100%；设备投入提高60%至90%，技术转移提高40%至70%，无息贷款提高20%至50%。

综合多方面考虑，我们最终设定具体最优政策方案如表5-7所示：

表5-7 环境援助最优政策方案及其路径设计

方　案	拟定具体环境援助政策内容
方案1	无偿资金调高5%；无息贷款提高3%；技术转移提高15%；设备投入提高17%
方案2	无偿资金调高10%；无息贷款提高9%；技术转移提高45%；设备投入提高36%
方案3	无偿资金调高15%；无息贷款提高27%；技术转移提高55%；设备投入提高51%
方案4	无偿资金调高35%；无息贷款提高34%；技术转移提高70%；设备投入提高65%
方案5	无偿资金调高55%；无息贷款提高51%；技术转移提高85%；设备投入提高75%
方案6	无偿资金调高75%；无息贷款提高67%；技术转移提高95%；设备投入提高105%

对环境援助最优方案及其路径设定之后，根据包含资源与环境的SAM，利用CGE模型对其进行政策模拟，并评价其政策效果。

二、最优政策路径模拟

在政策模拟中运用GAMS软件进行求解，与基年数据相比，模型运行环境援助的效应具体结果如表5-8所示：

表 5-8　环境援助最优政策方案模拟结果

环境援助效应指标	方案 1	方案 2	方案 3	方案 4	方案 5	方案 6
GDP 增量	0.0000	0.0000	0.0001	0.0003	0.0005	0.0006
平均生产率	0.0001	0.0002	0.0013	0.0062	0.00122	0.0146
技术效率	0.0002	0.0005	0.0026	0.0079	0.0113	0.0153
技术进步率	0.0001	0.0006	0.0031	0.0057	0.0104	0.0161
单位 GDP 能耗	0.0000	−0.0001	−0.0002	−0.0003	−0.016	−0.0041
城镇居民福利	0.0008	0.0019	0.0214	0.0415	0.0773	0.0828
国内环境投资	0.0012	0.0058	0.0063	0.0097	0.0101	0.0123
二氧化碳排放	−0.0003	−0.0012	−0.0063	−0.0127	−0.0267	−0.0244
工业废水排放	−0.0008	−0.0014	−0.0058	−0.0118	−0.0215	−0.0342
固体废物排放	−0.0004	−0.0023	−0.0074	−0.0104	−0.0445	−0.0564
二氧化硫排放	−0.0003	−0.0021	−0.0113	−0.0303	−0.0552	−0.0785
服务业占比	0.0001	0.0002	0.0006	0.0043	0.0046	0.0053
新兴出口占比	0.0001	0.0003	0.0008	0.0025	0.0057	0.0068

　　表 5-8 显示,6 种发展环境援助方案设定对经济增长、优化经济结构、污染减排、技术进步以及社会福利都具有正面的积极作用,这也正是本研究的目的所在。此外,不同的政策方案,对不同的经济与环境指标具有不同的效果。其中方案 1 至方案 3 对提高 GDP 增速、降低单位 GDP 能耗、优化产业与贸易结构以及社会福利方面的促进作用增速明显,但并没有达到最优的援助规模,尤其方案 1 至方案 2 在规模效应、技术溢出效应、产业与贸易结构效应方面较弱,反映出援助规模的门槛效应❶未被跨越。方案 4 至方案 6 环境援助相关的溢出效应进一步增加,对提高城镇居民的社会福利水平作用最大,对降低二氧化碳、工业二氧化硫、固体废物、工业废水等污染排放具有较大的减排作用,但环境援助的边际减污呈现递减现象。

　　参照表中的模拟结果,结合政策的倾向性与经济的阶段性等特点,采取切实可行的方案。需要对最优方案进行检验,选择最优政策的路径。下面将进一步采用动态 CGE 模型进行模拟分析。

---

❶　指国际援助的临界值效果,即国际援助额达到一定临界值,才会达到援助目标。

三、最优政策路径选择

以上政策模拟是静态的比较分析,难以确定其最优的政策路径。为此,采用动态模块方程,运行动态 CGE 政策模拟,对 6 种方案进行模拟预测,以确定政策方案的动态最优路径。因指标较多,难以准确权衡政策的取舍问题,构建一个统一指标作为衡量环境援助的总效应,将 GDP 增量、平均生产率、技术效率、技术进步率、城镇居民福利、国内环境投资、服务业占比和新兴出口占比进行加总,并分别减去单位 GDP 能耗、二氧化碳排放、工业废水排放、固体废物排放和二氧化硫排放的绝对值,得到衡量环境援助正向效应的综合指标,其值越大,综合效果越好。用此指标来衡量方案的政策效果,并确定其最优政策路径。在动态条件下对 6 种方案分别预测其 2015—2030 年环境援助的综合效应,具体模拟预测的结果如图 5-7 所示:

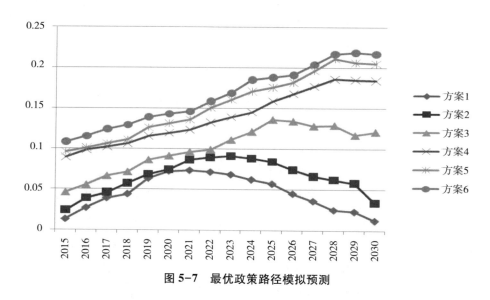

图 5-7 最优政策路径模拟预测

图 5-7 动态模拟的预测结果显示:环境援助政策方案 1 至方案 6 中,一方面,援助的额度越大,其污染减排及社会福利等综合效应越好;另一方面,环境援助的效应具有很强的时滞性,经过一段时间援助效果得以充分发挥之后,其效果呈现边际递减趋势。另外,环境援助规模不同,其效果的最大值显现时间也不同,援助规模越大,其效应发挥越大,且时间也越持久。

援助政策在不同时期对污染减排与社会福利以及经济发展的作用具有明显

的差异性。根据援助的效应图,在 2015 年至 2030 年的模拟预测中,6 种方案可以归为三类,第一类为方案 4—6,方案 6 的综合正向效应作用较为明显,且三种方案走向较为一致,并具有趋同倾向,三者之间的差异并不明显;方案 4 和方案 5 的效果最大值同为 2028 年;方案 6 为 2029 年。如果从边际产出与收益角度考虑,方案 5 为最优化政策选择。第二类为方案 3,其正向综合效果为中,与第一类或第三类方案走向之间差异较大,且援助的效果服从边际递增到递减的趋势,效果最大值为 2025 年。第三类方案为方案 1 和方案 2,援助的正向综合效果较弱,但从边际递增到递减的趋势最为明显,其效果最大值分别为 2021 年和2023 年。

以上分析可以得出:第一,环境援助的效应具有明显的时滞性;第二,环境援助的效应服从边际递增到递减变化趋势;第三,各类方案之间的正向综合效应与时滞性也存在较大差异。环境援助规模与其效果正相关,且援助规模越大,正向效果明显,且面临递减趋势也较晚。另外,在加大环境援助规模同时,更应该强化环境援助政策的连续性,避免面临环境援助的效应呈递减趋势。

为此,如果没有任何的约束与限制,忽略现实的可能性,方案 6 为最优方案(此方案现实可操作性较小);如果考虑投入产出效率以及边际报酬,则方案 5 为最优方案;如果环境援助受到外在限制,第一类方案难以实现,从投入产出效率角度考虑,采用方案 3 为次优方案。另外,考虑到经济与环境协调发展的可持续性,环境援助最优方案应该保持连续的投入,就某一个环境援助项目而言,如果采用方案 6,一次性全额援助之后,则必须在其最高点出现之前(即最初援助不是 14 年)继续追加环境援助的投入;方案 5 或方案 3 必须在初次援助不是 13年和 10 年时继续追加后续投入,以保证最优路径的良性循环,降低污染排放,尤其是跨境污染,实现可持续发展的道路。

环境援助政策的直接减污效应显示,环境援助的效果呈现边际递增到递减的路径转变。环境援助与工业废水、固体废物排放、工业二氧化硫和二氧化碳排放成负相关关系,节能减排设备援助投入对工业废水和固体废物排放的影响最大,其次为技术转移、无偿资金和无息贷款。环境技术转移对二氧化碳和工业二氧化硫排放的影响最大,其次为节能减排、无偿资金和无息贷款。在引进环境援助方面,应结合自身的吸纳能力,遵循环境援助边际减污递增到递减阶段的特征，以获得减污最优化路径。

环境援助的规模效应显示，环境援助提高与经济增量成正相关关系，但环境援助的额度较小时不足以影响经济的变化，当环境援助额度足够大的时候，其规模效应才能逐步显现。无偿资金的规模效应相对较大，环境技术转移对经济增长的影响作用较小。从产业和贸易结构方面来说，环境援助并没有优化国内经济结构，并具有强化落后产业优势的固化倾向。环境援助可产生正向的直接与间接技术溢出效应，且直接技术效应大于间接技术溢出效应；环境援助额度与平均生产率、技术效率和技术进步率增长指数成正相关关系，且随着援助款项的增加呈递增趋势，应加大对国外环境援助款项的引进。而中国正处于工业化后期阶段，技术进步是一个不断的累积与进化的过程，并不能一蹴而就。环境援助的类别不同，其挤入与挤出效应也不同。无息贷款与无偿资金在初始阶段，其对国内环境投入存在明显的挤入效应，但随着环境投入进一步增大时，挤出效应开始显现。而在国外环境技术转移和设备投入方面，由于后期需要升级与维护，一直存在挤入效应显现。环境援助对目前中国的经济规模与结构来说，挤出效应并不存在或较小，应加大环境援助的技术转移与环境设备的投入力度。环境援助各项政策都促进城镇居民福利水平的提高。无偿资金对居民的社会福利影响最大，其次为技术转移和设备投入，并存在明显的拐点现象。与其他环境援助政策效应不同，无偿资金投入加大会带来直接的福利水平，而技术转移与设备投入不断增加，需要不断的消化与吸收，其福利效应相对滞后。

综上所述，环境援助具有较强的直接减污效应、挤入效应、直接技术效应和社会福利效应；而由于环境援助规模不足或存在政策滞后性，环境援助的规模效应、结构效应、间接技术溢出效应以及挤出效应表现较弱。针对目前中国所处的经济发展阶段特征，国际社会应该加大对华环境援助，尤其是技术转移与设备投入。通过最优路径的设定模拟与动态预测，综合多方面考量，最优方案为：针对基期而言，无偿资金援助应调高 55%，无息贷款应提高 51%，技术转移应提高 85%，设备投入应提高 75%。其最优路径为，一次性投入至少 13 年之后应继续进行二次大规模环境援助，环境援助的连续性保证其正向的援助效果得以持续性发挥。

第六章 提高对华环境援助减污效应的政策优化

对华环境援助 2005 年以来呈下降势头,取得减污效果的同时也存在很大的改善空间,需要援助方和中国一起努力,进一步提高对华环境援助的减污效应。

第一节 积极争取增加对华环境援助规模

一、中国争取更多环境援助的必要性

(一)中国环境问题突出,环境援助的需求大

中国面临的环境问题突出,特别是作为二氧化碳排放大国,气候变化问题也成为中国面临的主要环境问题。中国受气候变化影响较大,中国每年因气象灾害造成的直接经济损失约占年 GDP 的 3%—6%[1]。为应对全球气候变化,中国政府于 2007 年开始实施《应对气候变化国家方案》,2009 年提出到 2020 年单位 GDP 的二氧化碳排放强度要在 2005 年基础上下降 40%—45%。

但是,中国的特殊国情决定了中国应对包括气候变化在内的环境问题时面临巨大挑战。中国除了人口众多、经济发展水平较低的基本国情外,自然环境与气候条件复杂,生态环境脆弱,减少污染物、适应气候变化的任务艰巨,而且中国处于工业化发展阶段,能源需求量和消费量大,控制温室气体排放任务艰巨。

在全球关注环境问题的过程中,2000 年联合国千年发展目标的 8 个目标计划 2015 年实现,目标之一为确保环境的可持续能力和全球合作促进发展,环境援助成为重要领域。2002 年 3 月《蒙特雷共识》提出的有效援助中,强调发展援

---

[1] 王金南、逯元堂、曹东:《环境经济学:中国的进展与展望》,《中国地质大学学报(社会科学版)》2006 年第 3 期,第 9 页。

助要与受援国国民的发展需要和目标相结合。2005 年在巴黎举行的第二届援助有效高层论坛上,61 个多边和双边援助方、56 个受援方以及 14 个公民社会组织签署了《关于援助有效性的巴黎宣言》强调了援助合作的重点是关注受援方的需求和能力。

中国人口规模庞大和二氧化碳等排放量大❶,使中国在全球减排和环境改善中居于重要地位,环境援助的需求大,环境援助向中国倾斜,在改善中国环境的同时,更是缓解援助国和全球的环境压力,达成双赢格局。

(二)环境援助是中国有效解决环境问题的重要渠道

面对突出的环境治理问题,加强国际合作和寻求国际援助是帮助中国减少污染排放、应对气候变化等环境问题的重要途径。国际环境援助不仅仅直接为治理环境、减少污染排放提供了资金保障,更重要的是环境援助项目在实施过程中有效地提高了中国的环境技术,广泛传播了环保意识,并促进了环保政策的制定与实施,具有很强的示范作用与催化作用。以亚行—武汉污水处理项目为例,亚行贷款占项目资金总额的 43%,但发挥的效力远超出了资金的范围,除了前述的技术效应和政策效应,还体现在:

第一,亚行贷款带动了国内资金的投入,特别是为中国工商银行、国家开发银行提供 7437 万美元贷款融资孕育了先导效应,亚行贷款为项目的国内融资搭建了良好的平台,保障了项目资金的充足性。

第二,亚行贷款协议使项目建设具有了硬约束,既得到了官方的高度重视,如建立以副市长为首的项目领导小组,有利于各部门对项目建设的支持与协调,又在具体操作中方便项目的推进,如土地拆迁与土建工程中减少阻力,WUDDC 相关人员强调 WUDDC 单纯作为一个企业在管网建设、土地拆迁等方面的无力,落步嘴污水处理厂相关人员认为"外资贷款就不同,政府很重视,毕竟涉及面子上的事,有国际约束力,事情就好办多了"。

第三,亚行贷款的示范作用突出❷,项目建设中引进新的设备与技术、管理

---

❶ Timmons Roberts,Broadley C.Park,Michael J.Tierney et al(2009)的研究结论表明:拥有庞大人口和热带雨林的国家、环境问题影响到援助国的国家得到的环境援助最多。

❷ 胡鞍钢、胡光宇等(2005 年)也强调了国际金融组织项目的种子作用、示范作用和催化作用。参见胡鞍钢、胡光宇:《援助与发展:国际金融组织对中国贷款绩效评价(1981 — 2002)》,清华大学出版社2005 年版,第 70—80 页。

方法等,不仅为 WUDDC 所沿用,WUDDC 在与国内同行的交流中也传播了这些经验,推动了国内污水处理行业的发展。

《国家环境保护"十二五"规划》提出"加强与其他国家、国际组织的环境合作,积极引进国外先进的环境保护理念、管理模式、污染治理技术和资金",国际环境援助是中外环境合作的重要途径,需要引起重视。

(三)顺应门槛效应,需要增加对华援助规模

研究经济援助有效性的结论中,一些研究提出了援助有效性的条件,如受援国政策的条件、地理位置条件等。杨东升(2007)利用交叠世代模型研究国外经济援助对受援国资本积累的影响,认为援助对受援国经济增长的影响是非线性的,经济援助有效性的条件是援助额的临界值条件,即经济援助额达到一定临界值,才会促进受援国经济增长,这可称之为门槛效应。

同理,门槛效应也存在于环境援助,前文 CGE 模型最优政策路径模拟显示,环境援助增幅较小的方案 1 与方案 2 未跨过援助门槛,减污效应及社会福利效应较弱,环境援助增幅最大的方案 6 则效应最大。环境援助额度越大,其减污效应及社会福利效应等越好。特别是随着环境援助额的增加,技术效应呈递增趋势。大幅增加对华援助规模才得以有效解决中国环境问题。

而现实中,对华环境援助却呈下降走势,环境援助 N 由 2000—2001 年的年均 9.5 亿美元下降至 2010—2011 年的 4.1 亿美元。虽然中国接受的环境援助从总量来看在各受援国中居于前列,如 20 世纪 90 年代中国与巴西、印度、印尼接受的环境援助位居世界前列,但是,一方面 2005 年以来对华环境援助不断减少,各主要援助方对中国的环境援助均呈下滑态势,另一方面基于中国庞大的人口规模,中国接受的人均环境援助额更偏少,以 1982—2011 年环境援助 W 累计,对华环境援助额人均约为 15 美元。扭转对华环境援助的变化趋势与中国国内环境需求的变化背道而驰状况的需求十分迫切。

此外,近年来中国环境标准不断提高,包括劳动力成本在内的各类成本明显升高,客观上需要对华环境援助规模相应扩大。

二、对华环境援助的良好减污效果具有正向激励

根据 2005 年《关于援助效果的巴黎宣言》,国际援助款的分配向援助效果较好的受援国倾斜,世界银行等多边机构也有按援助效率和效果进行援助分配

的模式,全球环境基金(GEF)采纳了援助的成效分配原则。对华环境援助已对中国环境治理发挥了积极作用,可以正向激励援助方增加对华环境援助。

前文实证研究表明,环境援助对改善中国环境质量特别是在减少跨境污染物排放方面起到积极作用,通过建立污染物排放指标的供需模型,并利用1982—2011年的数据对环境援助影响中国各类污染物排放的效果进行实证检验后发现,对于可直接观察到的结构效应、挤出效应以及援助的直接减污效应之和,环境援助能减少 CO_2、SO_2、烟尘和废水排放,只是作用效果滞后;当环境援助的规模效应足够小或者技术效应足够大时,环境援助将最终减少各工业污染物的排放,即环境援助——污染物排放的总效应为负。面板数据分析表明对华环境援助对污染密集型工业行业的减污效果很显著。

四个案例研究的结论也显示环境援助项目取得了很好的减污效果,改善了环境质量,也是对缓解全球环境问题特别是温室气体排放的积极贡献,符合援助方的利益。因此,国际社会不用质疑对华环境援助的有效性,增加对华环境援助规模将有助于达到更大幅度的减污效果,改善包括援助国在内的全球环境。

三、四个层面增加对华环境援助额

增加对华环境援助规模应包括四个层面:

一是增加环境援助的项目,更多的对华环境援助项目则覆盖更多地区和更多环保领域,更好地解决环境问题。

二是增加单个援助项目的援款额度。援助项目实施过程中,由于环境标准提高和减污成本增加等原因,往往出现项目支出超过预算的情况,相关部门在申请援助款项时,应对此类问题予以重视,竭力提高援助资金规模。例如,亚行—武汉污水处理项目中,虽然亚行贷款利息较低,但是项目的外方咨询费较高,咨询费占贷款总额的比例达到 7.36%。该项目承建方曾提出考虑到咨询费,应增加项目的贷款资金额度。再如柳州市酸雨及环境污染综合治理项目中,煤气供应项目为应对原料价格的高涨及市场需求的变化,共变更 3 次设计计划;为达到新国家标准,垃圾处理厂建设项目进行了重新设计和取得建设许可(铺设防渗水垫,以防水渗到土壤里);"柳化排气对策项目"及"柳钢焦煤气脱硫项目"为满足需求重新购买了排气设备。这些调整导致项目费用总额增加,项目总体的计划费用为 4,168 百万日元,最终实际投入 11,762 百万日元(其中日方贷款为

2,300百万日元），超出了计划费用182%，共计7568百万日元。为达到理想的援助目标，需要增加环保项目的援助额度。

三是增加环境援助款比例，降低国内配套比例。对华环境援助项目均要求国内配套资金，本研究所涉及的四个项目中，配套比至少为1，最高为柳州市酸雨及环境污染综合治理项目达4.1。世界银行贷款林业持续发展项目（信阳）更是要求造林实体劳务折抵1200.36万元人民币（占项目总支出的25%），无形中影响了林农参与项目的积极性。故建议环境援助项目扩大援助份额，减轻配套压力。

四是增加环境援助中的赠款，特别是对中国贫困地区项目的赠款。对华环境援助中赠款比重偏低，不及贷款项目的1/8，增加了受援地的还款压力，不利于环境治理的最优效果发挥。基于CGE模型的环境援助社会福利效应分析也显示赠款的社会福利效应最突出，赠款增加越多，社会福利效应越大。

第二节　广泛争取各方环境援助

针对国际环境援助的主要援助方过于集中而导致对华环境援助下滑的问题，中国相关部门应积极向国际社会寻求援助，需要全面而深入地研究把握各双边援助方和多边援助方的援助目标、援助政策特点、援助体制、援助决策机制与执行机制等，有针对性地争取所有援助方的环境援助，既保障现有主要援助方的持续援助，又争取其他对华环境援助较少的次要援助方提高对华环境援助。

一、保障现有主要援助方的持续援助

中国需要让主要援助方正确看待中国经济快速发展与环境压力的关系，提高对华环境援助规模。自改革开放以来，中国经济持续快速发展，已超越日本成为全球第二大经济体，受"中国已从受援国名单毕业"言论的影响，对华环境援助规模有所下降，从2005年的最高值14.2683亿美元（按宽口径计算）下降到2011年的3.8037亿美元。从表面上看，中国经济快速发展增强了其治理环境的能力；但是，不仅中国压缩型工业化导致在西方发达国家工业化中逐渐出现的环境问题在中国集中呈现，环境压力比西方发达国家同期大得多，而且中国目前

的环境治理能力无法独力解决环境问题,如前所述中国环境治理的改善需要借助于国际环境援助,环境援助产生的直接减污效应、技术效应、政策效应、扩散效应等非国内环境资金投入所可比拟。

中国需要在主要援助方制定对华援助战略或援助框架过程中,积极与之进行沟通,使其战略体现中国的实际需要,在环境领域增加援助,贴近中国的需要。世界银行、亚洲开发银行等均与中国政府合作密切,并与私营部门、民间组织、学术界保持着广泛联系,需要中国各层次利益方向主要援助方表达环境援助的诉求,使主要援助方延续对华环境援助规模。

就双边援助而言,日本是世界范围的环境援助大国,为 OECD-DAC 的主要环境援助方,2001—2010 占 DAC 环境援助的比重超过 25%。[1] 中国争取主要援助方的环境援助也少不了谋求增加日本对华环境援助。近年中日关系不断变化,但环境领域是受中日关系影响较小的领域,因为环境援助促进中国解决环境问题的同时,也有利于解决日本关注的一些跨国环境问题,可以互利共赢。日本很重视解决全球环境问题,环境援助也是日本 ODA 的最大部分,2012 年"里约+20"大会上日本发表"绿之未来倡议",强调在技术、资金和人员培训各领域加强对发展中国家的环境援助。[2] 日本本身拥有世界领先的环保节能技术,又力图建立新的碳排放交易机制,提出了"东亚低碳成长伙伴构想",开展"东亚低碳成长伙伴关系对话",这些都离不开与中国的环境合作。亚洲一直是日本 ODA 的重点区域,中国与日本具有共同的环境利益,在 2008 年后日本对华环境援助急剧下降的背景下,中国可以一方面加强与日本在环境领域的沟通合作,力图争取日本减少对华环境援助的下滑,另一方面发挥日本在环境技术领域的优势,争取较大规模的日本技术援助。

因此,鉴于环境污染的跨境性、中国在全球环境中的重要性和对华环境援助的减污有效性,对华环境援助不应因中国经济快速发展而停滞,应进一步扩大援助规模。

---

[1] 屈彩云:《宏观与微观视角下的日本环境 ODA 研究及对中国的启示》,《东北亚论坛》2013 年第 3 期,第 83 页。

[2] 屈彩云:《宏观与微观视角下的日本环境 ODA 研究及对中国的启示》,《东北亚论坛》2013 年第 3 期,第 86 页。

二、争取次要援助方增加对华环境援助

针对联合国援助机构、全球环境基金、美国等全球重要的环境援助方对华环境援助偏少的问题,需要中国向这些援助方更多地表达中国的环境压力及环境援助的诉求,促进其增加对华环境援助,从次要援助方向主要援助方演进。

(一)有针对性地争取次要援助方的环境援助

中国需要深入了解和把握联合国开发计划署和儿童基金会、全球环境基金等的援助战略、援助机制、援助特点及其变化,有针对性地与这些多边援助机构进行有效沟通,促使其认识到增加对华环境援助的必要性与重要性,有利于中国以及全球环境的改善。

美国作为世界上最大的援助方,官方对华援助偏小,1980 年以来的 ODA 仅与民间机构福特基金会的对华援助额相当❶。美国对华 ODA 也远低于美国对印度 ODA,2006 年美国援助印度 ODA 是中国的 3.9 倍,2009 年美国对印度 ODA 为中国的 2.13 倍,按 1962—2009 年累计则高达 84.14 倍。❷ 印度与中国同为亚洲国家,经济发展水平和人口规模较为接近,美国的 ODA 相差悬殊。美国对华 ODA 主要领域为促进中国人权、民主、法治以及藏区文化、环境和发展,且援助对象为非政府层面。美国对华援助主要受以 1961 年《对外援助法》为主体的美国相关法律以及美国对中国人权评价的牵制,该法第 116 节规定不能把经济援助提供给持续违反国际公认的人权的任何国家的政府,除非可以判定这种援助使该国需要援助的人们直接受益❸。在这种框架下,中国可以更多争取美国官方对非政府层面的环境援助,让潜在非官方阶层受援方发挥更大作用。进入 21 世纪,美国对中国的环境援助也呈上升之势,2009 年环境保护援款为 2003 年的 7.68 倍,占全部援款的比重从 2.4%上升到 8.77%;2009 年能源生产与供给为 2003 年的 9.25 倍,占全部援款的比重从 1.9%上升至 8.42%,2008 年甚至高达 37.82%。2009 年能源与环境两类项目占美国援华支付额的 17.19%。❹

---

❶　丁韶彬:《美国对中国限制性经济援助评析》,《世界经济与政治论坛》2012 年第 2 期,第 142 页。

❷　USAID,US Overseas Loans & Grants,http://gbk.eads.usaidallnet.gov/query/do.

❸　丁韶彬:《美国对中国限制性经济援助评析》,《世界经济与政治论坛》2012 年第 2 期,第 146 页。

❹　USAID,United States Economic Assistance to China(P.R.C.),FY2001 to FY2009,http://gbk.eads.usaid-allnet.gov/docs/tables/chn_00000010100001_0109.xls.

（二）借助多种平台吸引对华环境援助

环境援助是国际环境合作的平台之一,各种环境合作平台之间是互相促进与交融的,中国可以拓展和利用其他环境合作平台推动对华环境援助。

中日环保合作中,中日节能环保论坛是一个重要平台,2006年开始以来每年一届,已签署218项节能环保项目。中美环保合作中,借助中美战略与经济对话、中美环境合作联合委员会等,不断扩大和深化中美环境合作。近年来能源和环境问题成为美国关注的焦点,能源和环境问题列入中美双边合作重要议题,2008年6月中美第四次对话期间,中美签署了《中美能源环境十年合作框架》,将两国能源与环境合作提升到了一个前所未有的新高度。双方确定了在框架内优先推动六个领域的合作:电力,发电和传输方面的节能、提高能效;交通运输领域的提高能效、减低排放;水污染的治理;大气污染的治理;森林和湿地的自然资源保护;能效合作❶。中美建立了相应的工作小组,启动了每个目标下开展实质性合作的行动计划。2009年7月首轮中美战略与经济对话也签署了《加强气候变化、能源和环境合作的谅解备忘录》,这也成为后续4轮对话的重要议题,其中第五轮对话决定在中美战略与经济对话框架下成立中美气候变化工作组,负责落实中美加强气候变化合作的具体方案,进一步推进双边合作❷。中美环境合作联合委员会作为双方在环境领域的对话平台,2005年以来举行了4次会议,为深化环境合作发挥了重要作用。

中国利用这些平台,广泛与合作方交流,加深其对中国环境治理的了解与需求,在其项目框架下吸引其增加直接或间接的对华环境援助。如,首轮中美战略与经济对话后根据中美于2009年11月签署的《中国科技部、国家能源局与美国能源部关于中美清洁能源联合研究中心合作议定书》,双方5年里对中美清洁能源联合研究中心投入至少1.5亿美元,两国各出资一半,优先研究课题包括清洁煤(包括碳捕集与封存)和清洁汽车,这些对加快中国提高能源效率的效果具有显著意义。

---

❶ 翟瑞民:《中美能源合作,节能环保或迈第一步》,《财经时报》2008年6月27日。
❷ 佘群芝:《中美能源与环境合作的特点》,浦东美国经济研究中心、武汉大学美国加拿大经济研究所编《美国金融危机与中美经贸关系》,上海社会科学院出版社2010年版,第509页。

第三节 引导对华环境援助实现结构优化

现有对华环境援助投向供水、环境卫生和一般环境保护部门的比例较高,帮助中国建立起了环境保护的基础设施。在此基础上,依中国经济发展需要和污染治理的现实,需要优化对华环境援助的结构,引导对华环境援助更多转向工业、林业、交通和建筑业,特别是偏向于能源部门,更好地发挥有效减污作用。

一、引导对华环境援助流向工业、林业、交通及建筑业

对华环境援助存在投向工业、林业、交通部门和建筑业4个部门的援助资金偏少问题,而这4个部门对环境的影响突出,也是中国节能减排的重点。《国家环境保护"十二五"规划》要求,氨氮排放总量、氮氧化物排放总量各减少10%,二氧化硫排放总量减少8%,4个部门承担着重任。

援助方在援助中也注重将援助项目与受援国的经济社会目标及战略相一致,与受援国的需求相对应,中国对重点减排部门的重视,也对援助方增加这些领域的援助具有正向牵引作用。

二、引导对华环境援助偏向能源部门

(一)加强援助能源部门的重要性

能源消费是二氧化碳等跨境污染物的主要来源,对能源部门的环境援助能从源头上减少二氧化碳等跨境污染物排放。引导环境援助更多地流向此类部门,能有效增加环境援助对跨境污染物的减排能力。

中国是能源消费大国,中国能源消费量随经济的迅速发展而不断增加。根据国际能源署统计,1990年中国一次能源消费量占世界一次能源消费量的8%,2004年增加到14%,2011年该比值上升至21.3%,同年美国一次能源消费占比为18.5%,中国已超过美国成为世界第一大能源消费国,解决好节能减排问题十分迫切。

而对华环境援助中,对能源部门的援助不足。1982年至2011年,对华环境援助流向能源生产及其供应的比重仅为6.2%,具有很大提高余地。近年来国际环境援助具有向节能环保、新能源等领域倾斜的趋势,仍需加强其援助力度,

优化环境援助的结构,更有效地减少温室气体排放。

同时,前文实证研究也显示,对华环境援助在非金属矿物制成品、黑色金属冶炼及压延加工业、有色金属冶炼及压延加工业、电力、热力的生产和供应中减污效果较好,增加这些部门的援助将更有效地达到减排效果。

(二)减少二氧化碳排放的能源部门构成援助重点

根据能源消费过程中二氧化碳排放规模和强度,应将环境援助重点引入以下几个部门:电力、热力的生产和供应业(二氧化碳排放量占比 40.1%),石油加工、炼焦及核燃料加工业(二氧化碳排放量占比 15.7%),黑色金属冶炼及压延加工业(二氧化碳排放量占比 7.3%),非金属矿物制品业(二氧化碳排放量占比 6.7%),化学原料及化学制品制造业(二氧化碳排放量占比 6%)以及新能源,更有效地降低污染排放。

第四节　强化对华环境援助中的技术内涵

环境改善离不开环境技术的不断提升,中国的环境技术与发达国家间存在很大差距,国际环境援助成为中国提升环境技术的重要途径。

一、提升环境援助技术效应的必要性

国际环境援助对中国降低污染排放和改善环境发挥作用的重要领域在于提高环境技术。前文模型研究结论表明在援助规模变化较小时,技术效应强也能取得合意的减污效果。CGE 模型的政策模拟显示,技术转移产生的规模效应较小,具有较大幅度减少污染的潜力;技术转移和设备投入产生的技术效应突出,表明对华环境援助中增加技术转移和设备投入将有效促进技术效应的释放。

四个案例研究的结论表明,对华环境援助通过多种途径产生了技术效应,另一方面,也存在不足之处,特别是许多环境保护设备提供方不传授核心技术,阻碍环境援助效果的发挥。

同时,西方在环境技术与环境管理上具有领先优势,其环境保护工作开展得早,已积累了丰富的经验,拥有先进的理念与技术,可以在援助项目中向中国传播。如,在水生态保护与修复方面,英国早在 1964 年开始对泰晤士河进行治理,在控制排污的技术、管理上积累了丰富的经验;20 世纪 80 年代末发达国家提出

了"亲近自然河流"的理念,德国、瑞士、美国、日本等国相继实施了河流回归自然的成功改造。❶ 在湿地保护管理方面,德国和西班牙在构建完善的法规体系、发挥民间组织的保护管理作用、多形式多渠道宣传教育等方面有着丰富的经验。在遗传资源保护法律方面,欧盟鼓励公司参与,通过合同形式分享惠益,在遗传资源来源披露的问题上引入刑法上的责任,支持行业自治作为法律调整的有益补充,❷这些技术、经验与方法都是值得中国借鉴的。而环境援助在技术扩散、经验借鉴与理念传播方面具有不可替代性,可以借助援助项目有效发挥作用。

二、环境援助侧重于提升改善全球环境的技术

改善全球环境的领域易于使双方共同获益,将提高援助方提高技术内涵的意愿。为增加援助方加强环境援助技术内涵的内在动力,在对华环境援助项目中有选择性地增强环境技术转让,强调多转让能改善全球环境的技术。

环境技术是一个较宽泛的概念,它包括了较多的技术领域,例如污水处理,空气净化、新能源与清洁能源、废物处理和回收、燃料替代等,各类环境技术中有的环境技术(如污水处理技术)着力于改善社区和区域环境质量,有的环境技术(如绿化技术、荒漠治理技术)着力于改善区域和本国环境质量,有的环境技术除了改善区域和本国环境质量外,还改善全球环境质量,如新能源和可再生能源技术。它可以节约对资源的消耗量,减少二氧化碳排放,改善全球大气环境,同时抑制全球范围内的温室效应,改善全球的气候条件。其改善全球环境的功能应使援助方更愿转让这类技术,以有利于自身环境❸。以风能技术来说,中国缺少核心技术,风能项目建设依赖外国公司技术人员,且收取昂贵的专利费、设计图费及保养费等,中国得不到风能的核心技术。同时通过清洁发展机制建设的很多风能项目,中国获得了减排设备以及设备的维护与运行技术,至关重要的减

---

❶ 郭卿学、蒋丽萍:《国外水环境理念对水生态保护与修复的借鉴意义》,《水利科技与经济》2010 年第 7 期,第 743 页。

❷ 秦天宝:《欧盟及其成员国关于遗传资源获取与惠益分享的管制模式》,《科技与法律》2007 年第 2 期,第 84—90 页。

❸ 佘群芝:《中美能源与环境合作的特点》,浦东美国经济研究中心、武汉大学美国加拿大经济研究所编《美国金融危机与中美经贸关系》,上海社会科学院出版社 2010 年版,第 514—515 页。

排设备制造技术未转让❶,限制了技术扩散效应。

发达国家对先进技术的知识产权保护制度过于偏向产权所有者,基于环境技术的重要性及其环境正外部性,国际机构如世界银行、亚洲开发银行等作为国际社会发挥环境保护影响力的重要机构,可以在环境援助项目中通过多途径的环境技术转让,特别是转让具有改善全球环境功能的环境技术,加强技术传播,更好地提高受援方的技术水平,有效地改善全球环境质量。

三、环境援助以双方弱竞争关系的技术领域为突破口

竞争性弱的领域可以界定为一方发展和提升不影响另一方利益的领域,不具有排他性的领域,有助于实现双方共同利益。以中美为例来说,环境技术的诸多领域中,中美之间的竞争性强弱程度不同,如在能源上游领域竞争关系强,利益具有排他性,而能源领域中下游则竞争关系弱❷。美国的亚洲协会美中关系中心与皮尤全球气候变化中心 2009 年 1 月份发表的"共同的挑战,协作应对:美中能源与气候变化合作路线图"研究报告中,建议的优先合作领域包括采用低排放煤炭技术、提高能源效率和节能措施、开发先进的电网、推广可再生能源等❸,也正是集中于中美竞争关系弱的领域,避开了中美之间的竞争性领域,易于争取美国减少和消除技术转让障碍,以优惠条件转让技术。美国对华环境援助中增强这些领域的技术内涵,则能达到双赢格局。

第五节　加强持续援助,促进长期
环境管理能力的提升

一、相关研究结论支持持续援助

关于援助的研究中,强调持续援助的观点早已提出。美国大规模对外援助始于《1961 年对外援助法》,此前游走于学界与政界的罗斯托 1957 年与米利出

---

❶ 靳云汇、刘学、杨婉华:《清洁发展机制与中国环境技术引进》,《数量经济技术经济研究》2001 年第 2 期,第 26 页。
❷ 佘群芝:《中美能源与环境合作的特点》,浦东美国经济研究中心、武汉大学美国加拿大经济研究所编《美国金融危机与中美经贸关系》,上海社会科学院出版社 2010 年版,第 514 页。
❸ 郭巍青:《环境议题与中美合作的前景》,《南方都市报》2009 年 2 月 13 日。

版了《一项建议:实行有效外交政策的关键》,提出了美国对外经济援助应遵循的五个原则,原则之一即为连续性,强调经济援助计划应做出相当长时间的规划❶。Katherin Morton(2005)考察研究了国际社会对中国援助的 13 个环境项目后,总结的教训之一为持续援助是形成长期环境能力的关键❷。Kharas(2007)及 Knack 和 Rahman(2007)认为援助的不稳定及断裂影响受援国政府的计划连贯性,中断了受援国的干中学过程,对受援国政府及其援助项目的有效管理产生了不利影响,从而影响到援助的有效结果。

前文 CEG 模型的政策模拟分析中,得到了环境援助的减污效应具有从边际减污递增转变为边际减污递减的规律,且援助规模越大,出现从递增到递减的转折越晚,表明了保持环境援助连续的重要性。政策模拟中,方案 1 的结论为援助项目应在 5 年后进行二次援助,方案 6 的结果援助项目应在 13 年后进行二次援助,方能保持其减污效应的持久不衰。

二、四个环境援助项目在后续援助上的经验与教训

前文案例研究的 4 个环境援助项目中,亚行—武汉污水处理项目在持续援助上表现较好,其他项目则缺少后续援助跟进。

亚行—武汉污水处理项目是亚行贷款治理武汉污水的一期,2006 年开始了亚行贷款二期项目,利用亚行 1 亿美元贷款建设武汉市污水与雨水管理项目,项目内容包括武昌二郎庙污水处理厂二期工程等 9 个子项目,注重解决雨水与污水管网分流问题。亚行贷款的一期项目与二期项目建立了滚动建设污水治理项目的基础,合作双方走过了磨合期与适应期,进一步合作的条件更加有利。同时武汉市在污水处理方面还需要大量建设污水管网和泵站、完善好雨污水分流、提升人才队伍素质等,以巩固和扩大武汉市污水治理成果,这仍需要亚行新的项目投入,形成良性的持续支持,巩固和提高武汉市长期环境管理能力。

世行—信阳林业持续发展项目虽为世界银行对中国林业项目贷款的第四

---

❶ 其他原则为:银行观念、自助原则、目的明确、充分国际性。参见梁志:《经济增长阶段论与美国对外开发援助政策》,《美国研究》2009 年第 1 期,第 122 页。
❷ 其他教训包括地方形成环境能力建设的意识对环境援助有效性产生重要影响、具有一定初始规制能力使中国环境能力建设更有效、援助国的管理规程及结构应与环境能力建设相匹配。参见 Katherin Morton,International aid and China's environment:taming yellow dragon,2005,Routledge,pp.185-186。

期,与前三者侧重点不同,不能当成连续的援助项目。具体至受援地信阳而言,缺乏后续资金支持,制约了后期的抚育管理,不符合林业发展"三分栽植,七分管护"的长周期特点。林业的建设周期长,一般用材林 20 年、经济林 16 年。通常国际林业贷款项目结束后,林木并未完成整个建设周期。林农还需要进行后续的林木补植补造、抚育间伐和"三防"等建设工作,同时在经济林果品的采收、保鲜贮藏、加工利用和市场开发等方面也需要给予技术指导。保持援助的持续性乃为其他援助项目需要吸取的教训。

环境保护是一项长期的复杂工程,需要持续不断的投入与建设来保障。以污水治理来说,污水处理的设施建设及其配套的软件建设(如人才培训、数据采集)需要持续不断地开展与更新。基于国际援助的独特作用,环保设施的建设借助于持续的国际援助更有利于提高建设效率,提高环境管理能力。

第六节　注重发挥环境援助的扩散效应

为扩大环境援助的减污效应,环境援助项目取得的技术进步与先进经验应在更大范围内分享与推广,注重推广环境援助项目的综合技术与经验,增强援助项目的扩散效应。

一、建立环境援助项目数据库

环境援助项目信息的公开化和透明化是传播其成果与经验的前提,而目前,对华环境援助项目的基础数据信息不明,严重制约了其效应的扩散。我们在研究中发现,不仅环境援助的整体信息和项目数据不易得到,而且就单个项目而言,要收集和了解其信息也不易,需要从各种渠道挖掘,包括援助方、中国政府的对接部门(如林业局、发改委、环保局等)、承建方、受援地等,且各方的项目信息较为零散,迫切需要建立环境援助项目数据库。其好处在于:一是构建起推广和普及援助项目成果与经验的基础平台;二是便于援助方和中国政府把握对华环境援助的全局与动态,促进环境援助的优化。

二、构建统一的援助项目成果推广平台

通过建立统一的援助项目成果推广平台,提高援助项目的成果普及效率,形

成学习和宣传援助项目经验的长效机制。

目前，虽然各个援助项目都将取得的技术成果进行了一定程度的宣传，但推广范围和时效有限。为提高援助项目的科技和经验成果普及效果，建议：

一是援助方设立专项资金以供相关主体建设专门的援助项目成果推广网站。将各个项目取得的成绩、项目中研发和使用的先进技术、项目管理的经验和方法等分门别类进行展示。组织专家凝练成功经验，向全社会宣传，方便公众和相关企业、部门学习与借鉴，提高扩散效应。

二是定期将援助项目成果结集出版。出版物可以按不同标准进行分类，如同一时间段的援助项目、同一援助方的援助项目、援助水环境治理的项目、援助大气环境治理的项目、援助林业的项目等，从多维视角推广援助项目的成果与经验。

网站及其出版物既是援助项目的成果展示平台，也是在建和筹建项目的学习平台，使新的援助项目在高起点上发挥更强的减污作用。

三、鼓励国内同类项目采用援助项目中的先进技术与经验

采用政策优惠等鼓励措施，在相关行业的类似工程建设中积极推广使用环境援助项目中的先进环保技术和新型环保材料。四个案例项目在技术推广工作上取得了一定成绩，但实际上是一种自发行为。为了提高援助项目经验的使用范围和推广效果，需要援助方与政府部门利用激励机制，采用奖励和优惠的方法，在相关行业中推广其先进技术和经验。

此外，为进一步提高对华环境援助的减污效应，还建议环境援助管理进一步加强本土适应性。如，可以适当提高申请国际招标方式的设备采购金额；对涉及农户的项目，在确保资金安全的前提下，采用抵押或联保等形式，实行先提取后报账的资金使用方式；采用成本与质量相结合的评标方式，保证项目建设质量；制订环境援助计划时应预留一定的弹性。

结 束 语

在全球致力于解决环境恶化问题和强调发达国家增加对发展中国家气候援助的背景下，中国改善环境质量的过程中需要借助于国际环境援助的渠道，提升中国的环保技术和环境管理能力，研究对华环境援助的减污效应及其政策具有重要现实意义与理论价值。

一、本书以国际贸易的环境效应理论为先导，构筑起国际援助的环境效应理论，全面系统地考察了对华环境援助的整体格局，并进行对华环境援助的减污效果实证研究与案例研究，最后开展政策研究，以期改善对华环境援助及其减污效果。

二、本书的研究采用了数理分析、计量分析、案例分析与 CGE 分析，研究取得了如下成果：

（一）理论研究揭示出，环境援助产生直接环境效应与间接环境效应。直接环境效应表现为环境援助项目的直接产出结果，是援助项目本身带来的环境改善效果。间接环境效应体现在规模效应、技术效应、结构效应、政策效应、扩散效应及挤出挤入效应的综合作用。环境援助的直接环境效应减少污染，规模效应增加污染，技术效应、政策效应、挤入效应及扩散效应则减少污染，结构效应与挤出效应具有不确定性。7 个效应综合形成总的环境效应，若直接环境效应、技术效应、政策效应与扩散效应很强，则环境援助降低污染排放，促成有效减污效应。

（二）统计研究表明，1982—2011 年对华环境援助累计 195 亿美元，占对华发展援助总额的 23%；总体呈现先增后减再高位振荡的趋势，环境援助占对华发展援助的比重升高，从 1982 年的 2.51% 上升至 2011 年的 33.45%；多边环境援助大多来自世界银行与亚洲开发银行，分别占多边对华环境援助的 75.68% 和 20.03%，日本与德国则是双边环境援助的重要来源地，分别占双边对华环境援助的 64.20% 和 11.84%；东部地区接受的环境援助最多，占 31%，其次为中部地区;对华环境援助投入最多的部门是供水及环境卫生、一般环境保护、能源生产及供应,各占对华环境援助的 32.54%、18.72% 及 16.83%。

（三）实证研究呈示,环境援助—污染物排放的结构效应、挤出效应以及其直接减污效应三者之和来看,环境援助能降低 CO_2、SO_2、烟尘和废水的排放,但会增加粉尘和固体废物排放量,且存在滞后反应;当环境援助的技术效应较大或规模效应较小时,环境援助能最终降低工业污染物的排放。面板数据分析表明,环境援助能降低工业废水和二氧化硫的排放,同时人均 GDP、工业增加值和能源消耗增加这两种污染物排放;环境援助在东部地区的减污效果较好,在非金属矿物制成品、黑色金属冶炼及压延加工业、有色金属冶炼及压延加工业、电力、热力的生产和供应中减污效果较好;同时降低污染排放不一定能够提高单位能耗的产出。

（四）案例研究显示,造林、治理大气和水、生物多样性各类援助项目的建设中,世界银行、亚洲开发银行、日本、欧盟的对华环境援助直接建成了环境保护基础设施,提高了环境保护相关能力,带来环境技术进步、环境政策完善、项目经验扩散等间接效应,减污效果明显,改善了受援地乃至其他地区的水、大气、生态等环境,减少了自然灾害。

（五）CGE 模型的政策模拟表明,增加对华环境援助的直接减污效应较强,规模效应较小,结构效应趋于弱,技术效应较强,挤入效应明显,挤出效应较弱,社会福利效应显著,环境援助具有有效减污的作用,且其效应呈现从边际递增到递减的变化趋势。通过最优路径的设定模拟与动态预测,最优方案为:相对于基期,无偿资金援助调高 55%、无息贷款增加 51%、技术转移提升 85%、设备投入提高 75%。其最优路径为,一次性投入至少 13 年之后应继续进行二次大规模环境援助,以保证其正向的援助效果持续性发挥。

（六）基于上述结论的政策研究提出,为提高对华环境援助减污有效性,中国需要积极争取增加对华援助规模,广泛争取所有援助方的环境援助,引导对华环境援助实现结构优化,注重发挥对华环境援助的扩散效应,并且促进援助方强化对华环境援助中的技术内涵,加强持续援助以提升长期环境管理能力。

三、本书的研究成果突破了已有研究,具有视角独到、理论拓展、实证求新、案例创先和观点出新的突出特点。从受援国和环境援助的视角在理论上构建起国际援助的环境效应理论体系,特别是提出和论证了环境援助的直接减污效应,以对华环境援助为对象的时间序列分析与面板数据分析,为实证研究环境援助的减污效应探讨作出了初步贡献,先创性地以案例研究从微观层面解析了环境援助项目的减污效应,CGE 模型政策模拟中得到环境援助效果的显性化需要提高援助规模的结论,且探明了环境援助的减污效应具有从边际递增到边际递减的特性,这些在不同方面推进了研究的前沿。

参 考 文 献

[1] 贲越、李霞:《中日环境合作对我国环境与发展事业的启示》,《环境与可持续发展》2010 年第 3 期。

[2] 财政部国际司:《国际金融组织贷款项目绩效评价操作指南》,经济科学出版社 2010 年版。

[3] 财政部国际司:《国际金融组织贷款项目绩效评价典型案例》,中国财政经济出版社 2010 年版。

[4] 陈光辉:《谈湖南省世界银行贷款"贫困地区林业发展项目"建设》,《内蒙古林业调查设计》2006 年第 7 期。

[5] Dambisa Moya:《援助的死亡》,世界知识出版社 2010 年版。

[6] 邓力平、席艳乐:《官方发展援助:国际公共产品与传统发展援助》,《东南学术》2010 年第 1 期。

[7] 邓鹰鸿:《世行贷款林业项目带来的营林新观念》,《湖南林业》2001 年第 2 期。

[8] 丁韶彬:《大国对外援助——社会交换论的视角》,社会科学文献出版社 2010 年版。

[9] 丁韶彬:《美国对中国限制性经济援助评析》,《世界经济与政治论坛》2012 年第 2 期。

[10] 董晖:《论我国林业世行贷款项目的"报账制"》,《林业经济》2002 年第 9 期。

[11] 杜敬、何红军、陶涛:《武汉市二郎庙污水处理厂污泥培养驯化方案选择及实施》,《四川环境》2011 年第 6 期。

[12] 高颖:《中国资源—经济—环境 SAM 的编制方法》,《统计研究》2008 年第 5 期。

[13] 龚耀飞:《中日环境合作的战略互惠性》,《外国问题研究》2009 年第 2 期。

[14] 关山健:《日本对华日元贷款研究——终结的内幕》,吉林大学出版社 2011 年版。

[15] 国家林业局世界银行贷款项目管理中心:《世界银行贷款林业持续发展项目人工林营造部分竣工总结报告》,中国质检出版社 2011 年版。

[16] 胡鞍钢、胡光宇:《国际金融组织对中国贷款绩效评价(1981—2002)》,清华大学出版社 2005 年版。

[17] 黄森:《从发展援助的视角看全球环境问题治理》,《世界环境》2007 年第 4 期。

[18] 黄森:《深入研究环境援助加强环境国际合作》,《环境经济杂志》2004 年第 12 期。

[19] 黄文胜:《武汉三金潭污水处理厂桩基处理方案》,《中国水运》2011 年第 6 期。

[20] 黄雪菊:《中德财政合作造林项目十年发展综述》,《绿色中国》2005 年第 2 期。

［21］吉鹏飞：《通山县世界银行贷款林业造林项目绩效分析》，《湖北林业科技》2010 年第 2 期。

［22］姜喜山：《世行贷款林业项目的创新实践》，《林业经济》2010 年第 11 期。

［23］姜应和、张发根：《武汉市城市污水水质特征及其处理对策》，《武汉理工大学学报》2002 年第 24 期。

［24］李高阳：《河南省林业生态效益评估》，《安徽农业科学》2008 年第 1 期。

［25］李华：《基于面板数据的 FDI 就业结构分析》，《统计与决策》2011 年第 17 期。

［26］李善同、何建武：《三区域中国可计算一般均衡（CGE）模型》，2005. http://www.sanken.keio.ac.jp/。

［27］李涛：《污水厂建筑中的"片""面"设计——有感于武汉市三金潭污水厂建筑设计》，《工业建筑》2008 年第 9 期。

［28］李小云、饶小龙、董强：《外国对华官方发展援助的演变及趋势》，《国际经济合作》2007 年第 11 期。

［29］李小云、唐丽霞、武晋：《国际发展援助概论》，社会科学文献出版社 2009 年版。

［30］李小云、徐秀丽、王伊欢：《国际发展援助：非发达国家的对外援助》，世界知识出版社 2013 年版。

［31］林济东：《黄家湖污水处理厂进水水质指标变化规律研究》，《国外建材科技》2005 年第 5 期。

［32］刘鸿武、黄梅波：《中国对外援助与国际责任的战略研究》，中国社会科学出版社 2013 年版。

［33］刘家悦：《关税冲击下的贸易与环境效应分析——基于湖北省静态的区域 CGE 模型分析》，《中南财经政法大学研究生学报》2010 年第 4 期。

［34］刘家悦：《基于 CGE 模型对湖北省贸易保护的政策模拟分析》，《统计与决策》2010 年第 8 期。

［35］刘小溪：《中德合作辽宁朝阳生态造林项目运行模式的探讨》，《安徽农业科学》2013 年第 9 期。

［36］娄亚萍：《美国对外经济援助的运作模式论析》，《深圳大学学报》（人文社会科学版）2012 年第 1 期。

［37］娄亚萍：《战后美国对外经济援助研究》，上海人民出版社 2013 年版。

［38］罗伯特·K. 殷：《案例研究：设计与方法》，重庆大学出版社 2004 年版。

［39］罗伯特·K. 殷：《案例研究方法的应用》，重庆大学出版社 2004 年版。

［40］OECD：《贸易的环境影响》，中国环境科学出版社 1996 年版。

［41］潘忠：《国际多边发展援助与中国的发展：以联合国开发计划署援助为例》，经济科学出版社 2008 年版。

［42］彭文胜：《参与式造林设计在世行贷款林业项目中的应用》，《广西林业科学》2009 年第 9 期。

［43］彭勇：《针对水务集团污水管网管理现状的几点建议》，《武汉给排水管道技术》2007

年第 1 期。

［44］秦天宝：《欧盟及其成员国关于遗传资源获取与惠益分享的管制模式》，《科技与法律》2007 年第 2 期。

［45］屈彩云：《宏观与微观视角下的日本环境 ODA 研究及对中国的启示》，《东北亚论坛》2013 年第 3 期。

［46］Ragnar E. Löfstedt，Gunnar Sjöstedt，黄仲杰：《对东欧的环境援助：问题和可能的解决办法》，《AMBIO—人类环境杂志》1995 年第 6 期。

［47］商务部国际司：《"十一五"期间我国利用国际多双边无偿发展援助综述》，http://gjs.mofcom.gov.cn/aarticle/ar/av/201104/20110407479897.html。

［48］佘群芝、蒋云龙：《美国官方发展援助是否促进了对受援国的出口》，浦东美国经济研究中心、武汉大学美国加拿大经济研究所编《创新增长合作与中美经贸关系》，上海社会科学出版社 2013 年版。

［49］佘群芝、王文娟：《环境援助的减污效应——理论和基于 1982—2008 年中国数据的实证分析》，《当代财经科学》2013 年第 1 期。

［50］佘群芝：《国际援助的环境效应述评》，《江汉论坛》2013 年第 3 期。

［51］佘群芝：《新世纪美国对华经济援助的发展》，浦东美国经济研究中心、武汉大学美国加拿大经济研究所编《后金融危机时期：美国经济走势与中美经贸关系》，上海社会科学出版社 2012 年版。

［52］佘群芝：《中美能源与环境合作的特点》，浦东美国经济研究中心、武汉大学美国加拿大经济研究所编《美国金融危机与中美经贸关系》，上海社会科学出版社 2010 年版。

［53］石超：《武汉市城市污水再生利用发展研究》，《武汉给排水管道技术》2007 年第 5 期。

［54］孙同全、潘忠：《国际发展援助中各关系方的行为研究》，《国际经济合作》2010 年第 10 期。

［55］唐丁丁：《中日环境合作的新领域》，《世界环境》2010 年第 11 期。

［56］童德文：《参与式项目设计在世界银行贷款广西综合林业发展与保护项目中的应用》，《林业调查规划》2010 年第 6 期。

［57］王国庆：《国际官方发展援助分配及协调趋势》，《国际经济合作》2012 年第 8 期。

［58］魏权龄：《评价相对有效性的 DEA 方法——运筹学的新领域》，中国人民大学出版社 1988 年版。

［59］魏巍贤：《基于 CGE 模型的中国能源环境政策分析》，《统计研究》2009 年第 7 期。

［60］徐慧、彭补拙：《国外生物多样性经济价值评估研究进展》，《资源科学》2003 年第 4 期。

［61］许小平：《武汉市落步嘴污水处理厂生物除臭项目》，《给水排水》2009 年第 10 期。

［62］许正亮：《试论世行贷款贫困地区林业发展项目建设》，《中南林业调查规划》2001 年第 4 期。

［63］严启发、林罡：《世界官方发展援助（ODA）的比较研究》，《世界经济研究》2006 年第

5 期。

[64]杨东升、刘岱：《国外经济援助的有效性：基于代际利他视角的研究》，《南方经济》2007 年第 12 期。

[65]杨东升：《国外经济援助的有效性》，《经济研究》2007 年第 10 期。

[66]杨万平、袁晓玲：《环境库兹涅茨曲线假说在中国的经验研究》，《长江流域资源与环境》2009 年第 8 期。

[67]姚汉华、许小平、何雯茵、周伟：《武汉市落步嘴污水处理厂设计及施工特点》，《给水排水》2009 年增刊。

[68]姚汉华、许小平、赵艳：《浅析武汉市三金潭污水处理厂污泥消化系统的设计与建设特点》，《阜阳师范学院学报》（自然科学版）2011 年第 1 期。

[69]尹星衡：《柳州市发展燃气治理酸雨》，《城市公用事业》2000 年第 3 期。

[70]余维海：《中日环保合作的现状、问题和前景》，《日本问题研究》2006 年第 3 期。

[71]袁青：《生物除臭系统在污水处理厂中的应用——以武汉市落步嘴污水处理厂为例》，《中华建设》2009 年第 11 期。

[72]翟凡、李善同、冯珊：《一个中国经济的可计算一般均衡模型》，《数量经济技术经济研究》1997 年第 3 期。

[73]张国富：《师宗县实施世界银行贷款"贫困地区林业发展项目"的回顾与思考》，《林业建设》2009 年第 3 期。

[74]张海滨：《发展引导型援助：中国对非洲援助模式研究》，上海人民出版社 2013 年版。

[75]张海滨：《中日关系中的环境合作：减震器还是引擎》，《亚非纵横》2008 年第 2 期。

[76]张洪明：《四川省林业世行贷款项目的调查研究》，《四川林勘设计》2003 年第 3 期。

[77]张均：《安徽省世行贷款林业项目建设成效评价方法研究》，《林业经济》2010 年第 9 期。

[78]章昌裕：《国际发展援助》，对外贸易教育出版社 1993 年版。

[79]赵勇：《亚行贷款黄河防洪项目移民安置与环境保护》，黄河水利出版社 2011 年版。

[80]郑玉歆：《全要素生产率的测度及经济增长方式的"阶段性"规律——由东亚经济增长方式的争论谈起》，《经济研究》1999 年第 5 期。

[81]周宝根：《官方发展援助新动向及其对我国的影响》，《国际经济合作》2008 年第 2 期。

[82]周弘：《对外援助与国际关系》，中国社会科学出版社 2002 年版。

[83]周弘等：《外援在中国》，社会科学文献出版社 2007 年版。

[84]周永生、丁安平：《中日两国环境合作的机遇和对策》，《和平与发展》2009 年第 2 期。

[85]朱丹丹：《国际援助体系与中国对外援助：影响、挑战及应对》，《国际经济合作》2013 年第 3 期。

[86]朱凤岚：《日本对华官方发展援助的定位与评价》，《当代亚太》2004 年第 12 期。

[87]朱姝、仇士萍、秦军：《柳州市酸雨变化趋势分析》，《广西科学院学报》2006 年第 3 期。

[88]朱晓云:《利用世行贷款是实现林业跨越式发展的有效途径》,《广西林业科学》2002年第1期。

[89]朱昱、杨文中:《三金潭污水处理厂卵形消化池的启动》,《中国给水排水》2012年第2期。

[90]朱昱:《武汉市三金潭污水处理厂污泥消化系统的设计》,《给水排水》2009年第8期。

[91]卓卫华:《河南省世界银行贷款林业持续发展项目探索与实践》,黄河水利出版社2010年版。

[92] A. Caparros, J.-C. Pereau, T. Tazdait, North-South Climate Change Negotiations: a Sequential Game with Asymmetric Information.*Public Choice.*Vol.121, No3/4(Oct.2004).

[93] Adkins-Muir, D.L., & Jones, T.A., Cortical Electrical Stimulation Combined with Rehabilitative Training: Enhanced Functional Recovery and Dendritic Plasticity Following Focal Cortical Ischemia in Rats Neurological Research.*Neurological research*, Vol.25, No.8(2003).

[94] Adelman, Irma, Chenery, Hollis B., The Foreign Aid and Economic Development: The Case of Greece. *Review of Economics and Staticstics*, Vol.48, No.1(Feb.1966).

[95] Alan Campana, Boomtown Energy Drain: Promoting Energy Efficiency in China's Buildings, 2009.http://pdf.usaid.gov/pdf_docs/PNADW175.pdf.

[96] Alesina A., Weder B., Do Corrupt Government Receive Less Foreign Aid? *The American Economic Review*, Vol.94, No.4(2000).

[97] Alex Duncan, Gareth Williams, Making Development Assistance More Effective Through Using Political-economy Analysis: What Has Been Done and What Have We Learned? *Development Policy Review*, Vol.30, No.2(2012).

[98] Antoine Dechezleprêtre, Matthieu Glachant, Ivan Hascic, Nick Johnstone, Yann Ménière, Invention and Transfer of Climate Change Mitigation Technologies on a Global Scale: A Study Drawing on Patent Data.2008.http://www.cerna.ensmp.fr/index.php? option = com_content&task = view&id+192&Itemid=228.

[99] Antonette M.Zeiss, Dolores Gallagher-Thompson, Steven Lovett, Jonathon Rose, Christine McKibbin, Self-Efficacy as a Mediator of Caregiver Coping: Development and Testing of an Assessment Model.*Journal of Clinical Geropsychology*, Vol.5, No.3(July 1999).

[100] Antweiler W, Copeland B R, Taylor M S., Is Free Trade Good for The Environment? *American Economic Review*, Vol.91, No.4(2001).

[101] Asiedu E., Nandwa B., On the Impact of Foreign Aid in Education on Growth: How Relevant is the Heterogeneity of Aid Flows and the Heterogeneity of Aid Recipients? *Review of World Economics*, Vol.143, No.4(2007).

[102] B.Mark Arvin, Byron Lew, Foreign Aid and Ecological Outcomes in Poorer Countries: An Empirical Analysis.*Applies Economics Letters*, No.6(2009).

[103] B.Mark Arvin, Parviz Dabir-alai, Byron Lew, Does Foreign Aid Affect the Environment in

Developing Economies? *Journal of Economic Development*, Vol.31, No.1(June 2006).

[104] B.Mak Arvin, Zafar Kayani, Scigliano, Marisa A, Environmental Aid and Economic Development in theThird World. *International Journal of Applied Economics and Quantitative Studies*, Vol.6-1(2009).

[105] Bettina Kretschmer, Michael Hübler, Peter Nunnenkamp, Does Foreign Aid Reduce Energy and Carbon Intensities in Developing Countries? *Kiel Working paper*, *Kiel Institute for the World Economy*, No.1598, Feb 2010, www.ifw-kiel.de.

[106] Brian R.Copeland; M.Scott Taylor, North-South Trade and the Environment. *Quarterly Journal of Economics*, Vol.109, No.3(Aug., 1994).

[107] Burnside, Craiq, David Dollar, Aid, Policies, and Growth. *American Economic Review*, Vol. 90 No.4(Sep.2000).

[108] Catherine Weaver, Christian Peratsakis, International Development Assistance for Climate Change Adaptation in Africa: the Aid Scramble. *Climate Change and African Political Stability Program Policy Brief*, No.3(Sep.2011). http://ccaps. strausscenter. org/system/research_items/pdfs/35/original.pdf? 1285362620.

[109] Chenery H.B., Strout A.M., Foreign Assistance and Economic Development. *American Economic Review*, Vol.56, No.4(Sep.1966).

[110] Chetty, V.K., On Measuring the Nearnes of Near Moneys. *The American Economic Review*, Vol.59, No.3(1969).

[111] Chi-Chur Chao, Eden S.H.Yu, Foreign Aid, the Environment, and Welfare. *Journal of Development Economics*, Vol.59(1999).

[112] Dale W. Jorgenson, Peter J. Wilcoxen, Environmental Regulation and U.S. Economic Growth. *The Rand Journal of Economics*, Vol.21, No.2(Summer, 1990).

[113] Decaluwé, B., Martens, A.et Monette, M., Macroclosures in Open Economy CGE Models: a Numerical Reappraisal, *Cahier de recherche #8704*, *Département de sciences économiques*, Université de Montréal, 1987.

[114] Dirk T.G.Rubbelke, Foreign Aid and Global Public Goods: Impure Publicness, Cost Differentials and Negative Conjectures. *International Environmental Agreements*, Vol.5(2005).

[115] Dollar D., Easterly W., The Search for the Key: Aid, Investment and Policies in Africa. *Journal of African Economies*, Vol.8, No.4(1999).

[116] Douglas W. Caves, The Economic Theory of Index Numbers and the Measurement of Input, Output, and Productivity. *The Econometric Society*, Vol.50, No.6(Nov., 1982).

[117] Elbadawi I.A., External Aid: Help or Hindrance to Export Orientation in Africa? *Journal of African Economies*, Vol.8, No.4(1999).

[118] Elena V.McLean, Donors' Preferences and Agent Choice: Delegation of European Development Aid. *International Studies Quarterly*, Vol.56(2012).

[119] Evan Osborne, Rethinking Foreign Aid. *Cato Journal*, Vol.22, No.2(Fall 2002).

[120] Eun Mee Kim, Jinhwan Oh, Determinants of Foreign Aid: The Case of South Korea. *Journal of East Asian Studies*, No.12(2012).

[121] Fare R, Grosskof S, Norris Metal, Productivity Growth, Technical Progress and Efficiency Changes in Industrialized Countries. *American Economics Review*, Vol.84(1994).

[122] Bergman, L., Energy Policy Modeling: A Survey of General Equilibrium Approaches. *Journal of Policy Modeling*, Vol.10, No.3(1988).

[123] Frank Price, Alison Aldous, UK under Contract to the European Commission, *Handbook for Environmental Project Financing*.2005.

[124] George Economides, Sarantis Kalyvitis, Apostolis Philippopoulos, Does Foreign Aid Distort Incentives and Hurt Growth? Theory and Evidence from 75 Aid-recipient Countries. *Public Choice*, Vol.134(Nov.2007).

[125] Global Environment Facility, Case Study: Bwindi Impenetrable National Park and Mgahinga Gorilla National Park Conservation Project.2007.

[126] Gomanee, K.et a.l, Aid, Government Expenditure and Aggregate Welfare. *World Development*, Vol.33, No.3(2005).

[127] Gomanee K., Girma S., Morrissey O, Aid, Public Spending and Human Welfare: Evidence from Quantile Regressions. *Journal of International Development*, Vol.17, No.3(2005).

[128] Gomanee K., Morrissey O., Mosley P., Verschoor A, Aid, Pro-poor Government Spending and Welfare. *CREDIT Working Paper*, No.03/03(2003).

[129] Gong, L., Zou, H., Foreign Aid Reduces Domestic Capital Accumulation and Increases Foreign Borrowing: A Theoretical Analysis. *Annals of Economics and Finance*, No.1(2000).

[130] Grossman, Gene M., Krueger, Alan B., Environmental Impacts of a North American Free Trade Agreement. *NBER Working Paper*, No.3914(1991).

[131] Harberger, A., The Incidence of the Corporation Income Tax. *Journal of Political Economy*, Vol.70, No.3(1962).

[132] Hatzipanayotou P, Lahiri S., Michael M S., Can Cross-Border Pollution Reduce Pollution? *Canadian Journal of Economics*, Vol.35, No.4(2002).

[133] Henri Theils, The Measurement of Inequality by Components of Income. *The University of Chicago*, Chicago, IL 60637, 1967.

[134] Hick, R.L, B.C.Park, J.T.Roberts, M.J.Tierney, Green aid? Understanding the Environmental Impact of Development Assistance. *Oxford University Press*, 2008.

[135] Hirazawa M, Yakita A., A Note on Environmental Awareness and Cross-Border Pollution. *Envrionmental and Resource Economics*, Vol.30(2005).

[136] Hsiao Cheng, Analysis of Panel Data. *Cambridge University Press*, 1986.

[137] International Development Association, Aid Architecture: an Overview of the Main Trends in Official Development Assistance Flows. 2007. http://siteresources. worldbank. org/IDA/Resources/Seminar%20PDFs/73449-1172525976405/3492866-1172527584498/Aidarchitecture.pdf.

［138］International Development Association, The Role of Aid: In the Global Aid Architecture: Supporting the Country-based Development Model. 2007. http://siteresources. worldbank. org/ IDA/ Resources/Seminar% 20PDFs/73449 - 1172525976405/3492866 - 1172526109259/RoleIDA. pdf.

［139］International Energy Agency, Key World energy Statistics.www.iea.org.2008.

［140］Jaffe, A., Stavins, R., Environmental Policy and Technological Change.*Environmental and Resource Economics*, Vol.22(2002).

［141］Jane A.Leggett, International Financing of Responses to Climate Change.*Congressional research service*,2010.www.crs.gov.

［142］James C.Murdoch, Todd Sandler, The Voluntary Provision of a Pure Public Good: the Case of Reduced CFC Emission and The Montreal Protocol.*Journal of Public Economics*, Vol.63 (1997).

［143］Jian Xie, Sidney Saltzman, Environmental Policy Analysis: An Environmental Computable General-Equilibrium Approach for Developing Countries.*Journal of Policy Modeling*, Vol.22, No.4 (July 2000).

［144］Katherin Morton, International Aid and China's Environment: Taming Yellow Dragon, *Routledge*,2005.

［145］Kemp, M., A Note of the Theory of International Transfers.*Economics Letters*, Vol.14 (1984).

［146］Kenji Fujiwara, Foreign Aid in a Dynamic World with Transboundary Pollution.《经济学论究》2008 年总第 62 卷第 4 号。

［147］Kenzo Abe, Yasuyuki Sugiyama, International Transfer, Environmental Policy, and Welfare, *Discussing paper*,21st Century Center of Excellence Program, Osaka University, No.9(2004).

［148］Kharas, H., Measuring the Cost of Aid Volatility.*Wolfensohn Center for Development Working Paper*, No.3.Washington D.C.: The Brookings Institution(2007).

［149］Knack, S.and Rahman, A., Donor Fragmentation and Bureaucratic Quality in Aid Recipients.*Journal of Development Economics*, Vol.83, No.1(2007).

［150］Lahiri, S., Raimondos-Moller, P., Wong, K.-y, Woodland, A.D., Optimal Foreign Aid and Tariffs. *Journal of Development Economics*, Vol.67(2002).

［151］Makoto Hirazawa, Akira Yakita, A Note on Environmental Awareness and Cross-Border Pollution.*Environmental & Resource Economics*, Vol.30(2005).

［152］Marie Söderberg, Changes in Japanese Foreign Aid Policy. 2002, http://www. hhs. se/ eijs/Pages/default.aspx.

［153］Mark T.Buntaine, Bradley C.Parks, When Do Environmentally-Focused Aid Projects Achieve their Objectives? Evidence from World Bank Post-Project Evaluations. 2010 http://irtheoryandpractice.wm.edu/bcparks/publications/achieve.pdf.

［154］Markandya, A., D.T.RÜbbelke, Ancillary Benefits of Climate Policy, *JahrbÜcher fÜr*

Nationalökonomie und Statistik, Vol.224(2004).

[155]Matthew J.Salois, Biases in the Distribution of Bilateral Aid: A Regional Decomposition Analysis.*Applied Economics Letters*, Vol.19(2012).

[156]Michael Hazilla, Raymond J.Kopp, Social Cost of Environmental Quality Regulations: A General Equilibrium Analysis.*Journal of Political Economy*, Vol.98, No.4(Aug.1990).

[157]Mohora, M.C.RoMod, A Dynamic CGE Model for Romania: A Tool for Policy Analysis. Feb.2006.http://hdl.handle.net/1765/7455.

[158] Nikos Tsakiris, Panos Hatzipanayotou, Michael S. Michael, Can Competition for Aid Reduce Pollution? 2005.http://www.etsg.org/ETSG2005/papers/tsakiris.pdf.

[159]Obstefld M, Effect of Foreign Recourse Inflows on Saving: A Methodological Overview. Mimoograph, University of California, Berkeley, 1995.

[160]Obstfeld M., Foreign Resource Inflows, Saving, and Growth: The Economics of Saving and Growth. *Cambridge University Press*, 1999.

[161]OECD-DAC, Aid in Support of Environment, 2006 – 2007. http://www. oecd. org/dataoecd/53/54/43960145.pdf.

[162]OECD-DAC, Aid in Support of Environment, 2007 – 2008. http://www. oecd. org/dataoecd/48/22/45078749.pdf.

[163]OECD-DAC, Aid in Support of Environment, 2008 – 2009. http://www. oecd. org/dataoecd/17/13/47792813.pdf.

[164]OECD, Realising Development Effectiveness: Making the Most of Climate Change Finance in Asia and the Pacific.2010.http://www.oecd.org/dataoecd/23/51/46518692.pdf.

[165]OECD, Development Aid Reaches an Historic High in 2010 – 2011. http://www. oecd. org/document/35/0,3746, en_2649_34421_47515235_1_1_1_1,00.html.

[166] OECD, Methodologies for Environmental and Trade Reviews, 1994. http://www. oecd. org/trade/envtrade/36767000.pdf.

[167]Peter Pedroni, Fully Modified OLS for Heterogeneous Cointegrated Panels.*Advances in e-conometrics*, Vol.15(2001).

[168]Peter Pedroni, Critical Values for Cointegration Tests in Heterogeneous Panels with Multiple Regressors.*Oxford Bulletin of Economics and Statistics*, Vol.61, No.1.(Nov.1999).

[169]Peter Pedroni, Panel Cointegration: Asymptotic and Finite Sample Properties of Pooled Time Series Tests with an Application to the PPP Hypothesis Econometric Theory.*Cambridge University Press*, Vol.20, No.3(Jun.,2004).

[170]Richard Drifte, Transboundary Pollution as a Issue in North Asian Regional Politics.ARC Working Paper, No. 12 (2005). http://www. lse. ac. uk/asiaResearchCentre/_files/ ARCWP12 – Drifte.pdf.

[171]Schweinberger, A.G., Woodland, A.D., Pollution Abatement and Tied Foreign Aid, 2005. www.Etsg.org /ETSG2005 / papers / woodland/pdf, http://www. econ. hit-u. ac. jp/ ~ trade/apts/

2005/papers/PollutionAbatement&TiedForeignAid.pdf.

[172]Soyeun Kim,Contextualizing Other Political Ecologies:Japan's Environmental Aid to the Philippines.*Singapore Journal of Tropical Geography*,Vol.33(2012).

[173]Takumi Naito,Pareto-improving Untied Aid with Environmental Externalities. *Journal of Economics*,Vol.80,No.2(2003).

[174]Tetsue Ono,Consumption Externalities and the Effects of International Income Transfer on the Global Environment.*Journal of Economics*,Vol.68(1998).

[175]Thomas Lum,U.S.-Funded Assistance Programs in China.*CRS Report to Congress*,2007. http://pdf.usaid.gov/pdf_docs/PCAAB589.pdf.

[176] Thomas W. Hertel, Global Trade Analysis: Modeling and Applications. *Cambridge University Press*,1999.

[177]Timmons Roberts,Bradley C.Parks,Michael J.Terney,Robert L.Hicks,Has Foreign Aid Been Greened? *Environment*,Vol.51,No.1(Jan/Feb 2009).

[178] UNDP, Guidance for Conducting Terminal Evaluations of UNDP-Supported, GEF-Financed Projects,2012.http://www.undp.org/evaluation.

[179]UNDP,Grant Agreement.http://www.undp.org.cn/projectdocs/00060222.pdf.

[180]UNDP,Field Project Summary.http://www.undp.org.cn/projects/00060222.pdf.

[181]US Aid,China:U.S.Foreign Assistance Performance Publication Fiscal Year 2009,2010. http://pdf.usaid.gov/pdf_docs/PDACR026.pdf.

[182]World Bank,Sustainable Forestry Development Project Implementation Completion and Results Report. June 2011 http://www-wds. worldbank. org/external/default/WDSContentServer/WDSP/IB/2012/01/11/000356161 _ 20120111234440/Rendered/PDF/ICR18270P064720C0disclosed010100120.pdf.

[183]Wolf S., Does Aid Improve Public Service Delivery? *Review of World Economics*, Vol. 143,No.4(2007).

[184] Yasuhiro Takarada, Transboundary Pollution and the Welfare Effects of Technology Transfer.*Journal of Economics*,Vol.85,No.3(Sep.2005).

[185] Yasuhiro Takarada, Welfare Effects of International Income Transfers under Transboundary Pollution.*Environmental Economics and Policy Studies*,Vol.8,No.2,(Mar.2007).

[186]Yoshio Niho,Effects of an International Income Transfer on the Global Environmental Quality. *Japan and the World Economy*,Vol.8(1996).

[187]Zhai P.M.et al,Trends in Total Precipitation and Frequency of Daily Precipitation Extremes over China.*Climat*,Vol.18,No.7(2005).

缩 略 语

BSAP Biodiversity Strategy and Action Plan 生物多样性保护策略和行动计划

CDM Camp Dresser & Mckee International Inc. 公司名

CGE Computable General Equilibrium 一般可计算均衡模型

DAC Development Assitance Committee 发展援助委员会

EKC Environmental Kuznuts Curve 环境库兹涅茨曲线

EPI Environmental Performance Index 环境绩效指数

FFI Fauna & Flora International 野生动植物保护国际

GAP Good Agricultural Practice 中药材生产质量管理规范

GHG Greenhouse Gas 温室气体

JBIC Japan Bank for International Cooperation 日本国际协力银行

ODA Official Development Asistance 官方发展援助

PLAID Project Level Aid PLAID 数据库

PLC Programmable Logic Controller 可编程逻辑控制器

SAM Social Accounting Matrix 社会核算矩阵

WUDDC Wuhan Urban Drainage Development Company 武汉市城市排水发展有限公司

后　　记

　　国际发展援助是国际经济活动的重要组成部分,其环境影响广泛,值得深入探讨。国际环境援助作为一种发展援助,中国经济学界涉猎不多,对华环境援助作为中国环境治理的重要渠道,其专项研究更是具有很大空间,我们在国家社会科学基金的支持下展开了研究。

　　本书为国家社会科学基金项目"对华环境援助的减污效应与政策研究"(项目批准号:11BJL076)的成果。在项目申请过程中,广西师范学院丘兆逸、湖北省委党校王刚、武汉商学院王文娟、中南民族大学刘家悦、武汉纺织大学王瑾参与了讨论,为项目申请成功贡献了才智。

　　本书为集体创作的结晶,五位作者承担各章节的撰写如下:佘群芝:导言、第一章第二节、第四章第五节、第六章第二节与第五节;王文娟:第一章第一节与第三节、第三章第一节以及第六章第一、三、四、六节;王翚:第二章、第四章第二节与第四节;刘家悦第三章第二节及第五章;丘兆逸:第四章第一节与第三节。佘群芝对全书进行修订与统稿完善。另外,已毕业的硕士研究生刘超、何青作为助研参与了案例调研及部分资料的收集整理工作。

　　本书经过三年多的精心研究,按时完成了预期任务,面对上千个日日夜夜潜心钻研而得的成果,略有某种成就感,我们的感恩之情油然而生。

　　首先感谢国家社科基金的资助,在学术界还缺乏对华环境援助专项研究的背景下,其支持保障了这项成果的问世。

　　各方专家教授对本书的研究从不同角度提出了很有见地的宝贵建议。为此,衷心向下列教授致谢:中南财经政法大学朱延福教授,武汉大学张彬教授、齐绍洲教授、尹显萍教授,北京师范大学曲如晓教授,福建师范大学王知桂教授,海南师范大学索红教授等。

　　本书案例的调研得到了项目所在地各方的很多帮助,本无相助义务的各方给予了无私的帮助,尤其要感谢如下单位:信阳市林业局、信阳市环保局、信阳市平桥区林业局、信阳市罗山县林业局和林科所、柳州市环保局、武汉城市排水发展有限公司、三金潭污水处理厂、落步嘴污水处理厂、重庆市相关部门。

本书的研究一直在中南财经政法大学经济学院的大力支持和科研处的政策引导下推进,良好的平台支持尤为可贵与重要,十分感谢赖思源老师的鼎力相助。

成果出版离不开本书责任编辑张立老师的辛勤付出,不仅帮助我们完善了学术规范,而且从标题到版面提出了中肯意见,深为感念。

本书亦是借鉴与参考了前人学术文献之作,我们对这些学术作者的基奠与启迪深怀谢意。

此时,期待着专家和读者的肯定,更敬请对不当之处批评指正! 今后,以现有研究为新起点,本着科学精神继续探究,并以研促教,以期回报各方之惠助,报效科研与教育事业。

佘群芝

2015 年 10 月 28 日

责任编辑:张　立
封面设计:王春峥
责任校对:张红霞

图书在版编目(CIP)数据

对华环境援助的减污效应与政策研究/佘群芝 等著.
　-北京:人民出版社,2015.12
ISBN 978－7－01－015701－6

Ⅰ.①对…　Ⅱ.①佘…　Ⅲ.①环境保护-国际合作-对外援助-研究-中国
Ⅳ.①X-12

中国版本图书馆 CIP 数据核字(2015)第 311862 号

对华环境援助的减污效应与政策研究
DUIHUA HUANJING YUANZHU DE JIANWU XIAOYING YU ZHENGCE YANJIU

佘群芝 等著

人民出版社 出版发行
(100706 北京市东城区隆福寺街 99 号)

北京明恒达印务有限公司印刷　新华书店经销

2015 年 12 月第 1 版　2015 年 12 月北京第 1 次印刷
开本:710 毫米×1000 毫米 1/16　印张:14.5
字数:240 千字

ISBN 978－7－01－015701－6　定价:40.00 元

邮购地址 100706　北京市东城区隆福寺街 99 号
人民东方图书销售中心　电话 (010)65250042　65289539